◎ 江苏省住房和城乡建设厅 | 江苏省城镇化和城乡规划研究中心　主编

# 城市更新行动
# 的江苏宜居实践

TOWARD A LIVABLE JIANGSU:
Practices and Explorations of Urban Renewal Action

丁志刚　鲁驰　等著

中国建筑工业出版社

# 编写委员会

主　　　任：周　岚

副　主　任：范信芳

编　　　委：刘向东　李　强　李　震　丁志刚　汪先良

撰 写 人 员：丁志刚　鲁　驰　陈　如　朱　宁　姚梓阳
　　　　　　　苏新军　朱长澎　陈玉光　蒋　怡

# 城市更新行动的率先探索
## ——迈向住有宜居的江苏实践

我们身处这样一个时代，即生活在城市里的人数超过全国人口总数的60%，且还在增加，而城市可供新开发的空间已捉襟见肘。因此，城市更新不再是部分城市的专属行动，而成为城市发展规律作用下的普遍选择。

江苏作为全国最具城市活力的区域之一，在过去40多年里经历了快速的城镇化，也早于大多数地区率先步入城镇化转型阶段。多年来，江苏根据城镇密集、人口密集、经济密集的省情特点，围绕安居—适居—乐居的"住有宜居"发展目标，抓住城市更新机遇，极大地提高了全社会整体居住水平；又通过住区、街区和城市的宜居化改造，走出了江苏特色的城市更新路径，得到了住房和城乡建设部，以及联合国人居署等国际机构的高度认同，也彰显了中国特色社会主义制度的巨大优越性。

美丽江苏与美丽中国紧密相连，迈向宜居的城市更新行动，正是要实现美丽中国和美丽江苏的现实模样，而江苏类型丰富的住区、街区作为老百姓日常交往最为密切的生活空间单元，则是城市更新行动最生动的注脚。希望通过推动住区、街区等城市地区的系统集成改善，切实提高居民的获得感、幸福感、安全感，并通过城市更新引领城市结构调整优化、城市开发建设方式转变，落实好习近平总书记"争当表率、争做示范、走在前列"的要求，把美丽江苏建设推向新的高度。

◎ 解题"更新"

江苏的城市更新从人民群众身边的居住环境入手，以"住有宜居"为奋斗目标，致力实现"更舒适的居住条件"和"更优美的环境"，顺应新时代城镇化发展新阶段的新要求，也符合国际上关于"宜居"内涵和外延不断丰富的发展趋势，具有经济发展、民生福祉、社会治理、文化传承等方面的多元价值和意义。

从国际共识看，迈向住有宜居的城市更新是世界各国共同的追求。"二战"后，伴随城市重建工作的大规模开展和全球城镇化进程的快速推进，城市更新从西方社会逐渐拓展成为世界各国的共同实践，在全世界已形成广泛共识，成为21世纪新的

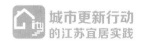

城市观。1976—2016 年，联合国人居署三次历史性人居会议主题从"解决基本住房问题"到"人人享有合适住房及住区可持续发展"再到"为所有人建设可持续城市和人类住区"的转变，以及联合国可持续发展目标（SDGs）中"目标 11：建设包容、安全、有抵御灾害能力和可持续的城市和人类住区"，均反映出这一国际发展趋势。

从城市发展规律看，迈向住有宜居的城市更新是对城镇化阶段性问题的回答。步入城镇化中后期，城市发展由大规模增量建设转为存量提质改造和增量结构调整并重，从过去解决"有没有"向现在解决"好不好"转变。这一时期城市发展面临许多新的问题和挑战，各类风险矛盾突出，城市更新不仅要解决城市发展中的突出问题和短板，解决城镇化过程中积累的城市病问题，也要注重推动城市转型，实现城市可持续发展。

从民生福祉看，迈向住有宜居的城市更新是满足人民群众美好生活向往，改善人口发展环境的重大举措。习近平总书记在中央城市工作会议上指出，人民群众对城市宜居生活的期待很高，城市工作要把创造优良人居环境作为中心目标。江苏的城市更新从人民群众最关心、最直接、最现实的利益问题出发，从政府先期引导的底线思维与精准施策开始，努力实现为所有人的住有所居，并逐步推动居住和生活环境的整体改善，满足人民群众从"住有所居"迈向"住有宜居"的现实诉求，促使住房环境成为改善人口发展环境、焕发人口活力的积极要素。

从经济发展看，迈向住有宜居的城市更新是畅通内循环、推动经济高质量发展的重要路径。迈向住有宜居的城市更新可以快速带动投资增量，扩大内需，拉动消费，为经济发展注入新动能。以老旧小区改造为例，据初步估算，全国总投资将超过 5 万亿元，这一投资具有边际效益高、消费潜力大等特点，还能带动建筑建材、燃气供水、电力通信、家用电器等相关产业发展，促进经济增长。此外，迈向住有宜居的城市更新扩大了建筑维修、社区服务等相关人员的就业，起到了"稳就业"的作用；还具有"稳投资""保基本民生"的效用，是落实"六稳""六保"的重要举措。

从社会治理看，迈向住有宜居的城市更新对于提升城市治理能力水平尤其是基层治理能力水平具有非凡意义。从人民群众身边的居住环境入手，迈向住有宜居的城市更新积极探索城市存量空间优化和人居环境改善的现实路径，推进城市开发建设模式转型和基层社会治理新格局构建，进而形成一整套与城市更新行动相适应的体制机制和政策体系，以及"人人有责、人人尽责、人人享有的社会治理共同体"，是贯彻落实党的十九届四中全会决定，提高城市治理能力水平尤其是基层治理能力水平，"把尊重民意、汇集民智、凝聚民力、改善民生贯穿党治国理政全部过程之中"要求的积极实践。

从文化传承看，迈向住有宜居的城市更新还有助于留住城市中的"乡愁"。习近平总书记提出，要让城市留住记忆，让人们记住乡愁。中国自古以来有安土重迁的传统，传统文化中"家"的概念被物化为对居所的依赖，而"乡土"的概念则逐渐演化为"邻里"，并不断积累着历史记忆，但这些记忆的空间载体有不少因过去的大拆大建而消弭。迈向住有宜居的城市更新采用"绣花"功夫，通过低影响的渐进式、织补式更新，保持老城区的格局和肌理，保留城市特有的地域环境、文化特色、建筑风格等"基因"，延续具有地方集体记忆的建成环境和社会生活情境，留住城市的记忆和居民的乡愁，让我们的居住环境兼有颜值和内涵，表里合一。

## ◎ 跃迁之路

### 1. "住房—住区—街区"空间层次渐进

住房是实现住有所居和住有宜居的起点。改革开放四十多年来，江苏人均住房面积从最初的 $4.3m^2$ 增长到 $47m^2$；在不断新建住房的同时，江苏也对老化破损的危旧房屋持续滚动更新。早在 1982 年，就制定了《江苏省城市建设用地管理和房屋拆迁安置试行办法》，以住房解危解困为重点，改善居住条件。20 世纪 90 年代随着"房改"推进，以"房改"前建造的老公房、保障房为重点进行住房整治修缮。到 2015 年末，江苏基本实现了"户均一套房、人均一间房""居者有其屋"的社会理想，住房也对照着绿色、智慧等更高要求继续改善提升。

在住房工作的基础上，江苏在全国较早开展住区改造。20 世纪 90 年代后期，南京、苏州、无锡等苏南城市已开始由地方政府主导推行旧住宅区整治工作。进入 21 世纪，随着改革开放早期兴建小区的普遍老化破损，江苏于 2003 年召开全省老旧小区整治工作会议，启动全省层面老旧小区整治工作，逐渐从单个房屋、单项工程走向住区的综合改造。2018 年以来，老旧小区改造每年均纳入省政府民生实事，改造规模连年提升。

多年的住区改造工作显著提升了宜居环境，但随着城市发展，新的问题也逐渐显现。老城区老化破损已呈现连片趋势，公共活动空间不足、配套服务设施缺失、自然与历史文化资源消极利用、住区间环境水平差距大等问题突出，不再局限于单

个住区，宜居更新实践的空间尺度需要进一步延伸。2019 年，江苏开始将视野投向住区"围墙"外，将既有住区、街道及周边环境整合为较完整的改造单元，打破墙界，激活畸零地、边角地空间，完善生活圈公共服务设施，统筹提升环境设施品质，推动从围墙内到围墙内外一体化的联动更新改造。

从住房到住区再到街区，城市更新的关注范围逐渐扩大，但始终是彼此联动的工作。例如，在适老住区的建设中，尤其关注住宅加装电梯、公共空间无障碍化、亲情养老户型设计等住房适老化改造；在宜居住区建设中，探索住宅的绿色化、智慧化改造，探索危房重建的创新方式；在宜居街区塑造中将小区内外空间同等重视，联动改造等。

**2."目标 + 问题 + 过程"工作导向演变**

老旧小区、危旧住房是全国普遍性问题。根据住房和城乡建设部统计，江苏的老旧小区数量在全国居第五位，老旧小区建筑面积和覆盖户数均位居全国前三，老旧小区数量之多、规模之大，在东部先发地区尤其突出。因此，既是为解决现实问题，也为全国探路先行先试，江苏多年来围绕"让全体人民住有所居"，持续开展老旧小区改造、危房解危、棚户区改造等工作，改善人民居住条件和生活品质，解决城市发展的不平衡、不充分问题。自 2019 年全国全面开展老旧小区改造以来，江苏围绕空间利用、资金分担、工作组织推进等普遍性问题不断探索突破瓶颈，苏州被列为全国城镇老旧小区改造试点城市，全省老旧小区改造连年超额完成计划目标，社区"一老一小"服务改善得到时任国务院总理李克强的肯定。

在积极落实国家统一部署要求，全面开展老旧小区改造工作的同时，江苏也结合省情，从"目标引导下的问题导向"出发，陆续探索适老住区改造、宜居住区建设、宜居街区塑造等"升级版"工作。2015 年起，针对老龄化程度高的省情，围绕"居住宜老、设施为老、活动便老、服务助老、和谐敬老"的总体要求，改造和建设适老住区。2018 年，提出以宜居住区为目标，打造高质量理想住区样板。2019 年开始，结合美丽宜居城市建设，探索跳出小区围墙，对多个小区及小区之间公共空间连片改造，开展首批 5 个省级宜居街区试点。通过内容综合的实践，探索打破"墙"界、创造共享融合生活单元的办法和路径；通过系统化的集成实践，探索"实施一块即成熟一块"的城市有机更新路径，以片区化改造带动城市功能完善和品质提升。

**3."安居环境—适居服务—乐居生活"实践内涵丰富**

在多年的宜居实践历程中，随着人民需求的提高，改造更新的内涵也反映出从安居环境到适居服务、乐居生活不断提升的轨迹。从安居、适居到乐居，包含着从安全关怀、人道关怀到人文关怀的侧重点的转变，同时也是我国社会主要矛盾转变的重要体现："安居"侧重满足人们对基本生活和安全保障的居住条件需要，"适居"侧重"人人享有适当居住"的个性化机会的获得与社会关系的和谐稳固，"乐居"则偏重精神方面的对居住环境美好体验，三者互有包含，渐次递进。

"安居环境"是住有宜居的底线，体现着城市更新的"普惠性、基础性、兜底性"。从 20 世纪 90 年代的早期旧住宅区整治开始，整修危旧房、破损道路，拆除私搭乱建，修缮基础设施等工程就作为城市更新的必选项，解决居民"住得安心"问题。2013 年开始，江苏省开展城市环境综合整治"931"行动，通过城郊接合部、城中村、棚户区、老旧小区、背街小巷、城市河道环境、低洼易淹易涝片区、建设工地、农贸市场等"九整治"，全面解决全省环境薄弱地段脏乱差的问题，满足居民"安居"的基本需要。近年来，居民对安全、健康的生活环境愈加重视，面对新的安全挑战，城市更新中也更加强调软硬件结合措施，各类安防、卫生防疫设施逐渐完善，并结合城市更新大踏步提升了基层治理水平，围绕"平灾结合"要求有效加强了应急保障能力。

"适居服务"是以便民为导向，按照"缺什么，补什么"的原则，通过有机更新补齐公共服务设施短板，尤其是关注"一老一小"等弱势群体，提供均好共享的社区服务，完善城市中"家"的样貌。2015 年，江苏开始围绕老年人日常生活的环境设施开展系列改造，特别对助餐、助浴、文化休闲等日常活动所需空间的更新改造做了规范引导。在适老化的基础上，打造宜居生活圈成为更新改造的基础动作，在老旧小区改造、宜居住区建设标准中，均明确了物业管理、老年人日间照料、商业便利、卫生服务等便民服务空间及设施的布置内容及要求，在实际操作中，也随着新的功能需求和业态导向变化，不断调整完善改造手段和建设内容，促进社区生活的蓬勃发展，向着"完整社区""完整街区"持续努力。

"乐居生活"是在保障基本安全和完善服务的基础上，进一步谋求提升空间舒适度和生活品质，打造品质卓越的人居环境。围绕"更加凸显城市是人民群众的生活场所"，充分利用闲置地、绿地、公服设施等资源，进行空间环境优化、设施可达性改善等，尤其是在宜居街区建设中，联动围墙内外打造友好、开放和共享的街头巷尾空间，促进公共交往活动。运用美好环境与幸福生活共同缔造理念和方法，把改造与社区治理体系建设有机结合起来，"有公众参与机制""有住区文化建设"

等已纳入江苏老旧小区改造最基本的"十有十无"标准，并得到普遍开展。此外，改造中也开始有意识地挖掘地域、城市甚至社区历史人文资源，将文化要素融入主题景观、标志节点、活动场地等，提升当地居民的文化归属感，打造富有人文气息和地方特色的住区和街区。

**4. "认识—实践—再认识—再实践"行动范式形成**

在持续的宜居更新过程中，"认识—实践—再认识—再实践"成为江苏城市更新工作推动的重要逻辑。一方面，结合实际需求的自发探索、试点试验推动了省级层面总体行动的持续升级。20 世纪 90 年代后期南京、苏州、无锡等地区的旧住宅区整治工作推动了全省老旧小区改造的整体谋划设计；通过试点工作的试对试错，适老住区、宜居住区、宜居街区的构想，得到及时修改完善并继续应用在实践中；早期适老住区实践中针对老年人的特殊需求开展的适老化改造内容在后来的宜居住区、宜居街区改造中仍一以贯之，成为江苏特色；首批 5 个宜居街区的围墙内外联动的做法也正在新一批美丽宜居街区试点项目中继续探索。另一方面，围绕认识与实践的相互关系，江苏的宜居更新行动格外重视技术引领，结合实践进程不断构建和修正系统性的技术体系和规范体系，形成特色行动范式。重视借助智库、研究机构和专家学者的力量，多次召开研讨会和专家会，邀请知名专家共同讨论城市更新方向、举措、路径和切入点；开展城市更新课题研究，将基础研究和地方先行实践有机结合，将研究成果应用到建设、管理多个层面；针对适老住区、宜居住区、宜居街区等特色工作，谋划在先，结合省情制定一系列技术指引和标准规范，加强对地方和试点项目的技术指导，并通过检视、跟踪、评估地方多元实践的全过程，根据地方深入实践的"试对"或"试错"结果，滚动修改完善指引内容。

"认识—实践—再认识—再实践"，在这样循环往复的过程中城市建设发展方式转型和高质量发展的实践得以渐次深入开展，以实际行动不断提高新时代人民群众的获得感、幸福感和安全感。

◎ **实践特色**

经过多年持续努力，截至 2020 年底，江苏全省已累计改造 2000 年前建成的老旧小区 8729 个，涉及建筑面积 2.4 亿 $m^2$，惠及超过 800 万人。全省建成适老住区70 余个、省级宜居示范居住区 270 个，5 个省级宜居街区试点累计改善街区面积共

$3.95km^2$，惠及 27745 户共 10.4 万居民，新改建公共服务与便民生活设施 6 处，新增停车位 1427 个，新改建口袋公园、活动广场等交往空间 22 个共 $14000m^2$，提升街道立面 10 条共 11440m，改造市政道路 10 条共 12210m，打造滨水步道、儿童上学道、休闲绿道和文化步道等特色线路 16 条，适应了城市建设高密度、人口结构老龄化、南中北地区差异大等省情，体现出聚焦百姓人本视角、存量资源整合、带动经济发展等特色。

### 1. 更有温度的更新

结合适老住区、宜居住区、宜居街区等主题工作，更新从以物优先转向以人优先的理念，更加聚焦人本视角的更新改造，营造"人民城市为人民"的认同感、归属感、家园感。

一是积极应对人口老龄化，通过多元方式开展适老化环境改造。针对小区公共场所、住宅楼梯间等日常高频次使用的重点空间，实现无障碍设施全覆盖。围绕老旧小区上下楼难的问题，出台系列政策，并通过资金补助等方式鼓励加装电梯，对于具备加装条件但尚未协商一致的，提前预留电梯加装井位和管线，在楼栋内设置"爬楼机"、休息座椅等设施解决适老化的燃眉之急。

二是围绕基层服务空间缺乏的难题，灵活增补助老托幼服务设施和功能。在新建、扩建老年人日间照料中心的同时，结合现有用房增加养老功能，并将老人活动与儿童看管照料空间结合布置，促进代际交流共享，重视便利化服务，落实全龄友好的改造需求。例如，扬州市邗江区锦旺苑，在小区原有的便民商业功能上嫁接送餐、理发、护理等助老服务，并邻近布置了儿童文化讲堂。

三是开展公共空间和设施复合设计，精准满足不同人群的多重需求。通过在公园绿地新建、既有公共建筑改造扩建等方式，积极增补文化、体育、商业等基层便民服务设施，提升"15 分钟生活圈"的品质和便利性。例如，宿迁结合既有城市公厕建设"街坊公舍"、泰州依托"城市港湾"配建"城市书房"，形成包含无线网络、存取款、阅览室、手机充电、饮水等多功能的综合服务站。

### 2. 更聪明的更新

针对空间紧缺、场地有限的先天情况，不断完善更新空间划分、界定和识别办法，探索存量空间高效复合利用，从"零敲碎打"走向"连片整合"的更新实施路径。

一是针对存量空间，推进既有用房的复合化改造。建成时间较早、建成标准较低的老旧小区，公共用房、活动场地不足，在无法新建扩建的基础上，积极整合利

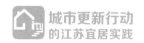

用既有社区公共用房，挖潜住宅架空层空间，回租回购小区底层商铺，为小区的便民服务提供基本空间载体。例如，南京市栖霞区百水芊城小区将商铺回租后免费提供给养老、托幼机构，承担小区的老年人助餐、家政护理、儿童托管等服务。

二是制定相关配套政策，为老旧小区内新建、扩建用房提供政策渠道。南京市出台相关意见，对老旧小区内的空地、荒地、拆除违建腾空土地，"边角地""夹心地""插花地"以及非居住低效用地，允许用于建设各类配套设施和公共服务设施，增加公共活动空间。例如，南京市栖霞区金尧山庄利用小区内原有的闲置三角空地，增建小区公共服务用房，增补了社区卫生服务站，并兼容小区居家养老站、居民活动室、物业管理房等多种功能。

三是对改造区域内空间资源进行统筹规划，实施集中连片改造。以背街小巷、老旧小区等既有改造作为基础，打破小区、单位大院围墙实体和道路红线边界，扩大范围形成新的更新片区。例如，盐城市盐都区酒厂片区、南通市崇川区易家桥片区，将多个开放式老旧小区组合，通过大片区统筹、连片改造的方式，实现片区内停车、商业服务、开敞空间等资源的共享共用，放大片区资源优势。

### 3. 更可持续的更新

尽管当前改造经费来源主要为专项财政资金，但江苏各地的更新改造中也积极探索多渠道资金共担路径，展示了拓宽资金来源的可行性。

一是由管线单位出资负责供水、排水、供电、燃气、供热、通信等管线专项改造。小区更新改造与水、电、气、信管线改造计划结合，各管线单位不仅承担改造中的管线更换、杆线下地、线网序化等投资，还负责改造后的定期维护。例如，淮安市清江浦区、连云港市海州区，分别由供电和通信单位对小区内的强电和弱电进行入地序化，缓解了政府投资的资金压力。

二是小区原有产权单位结合"三供一业"移交工作，提供资金和物资支持。国有企业职工家属区在向属地移交供电、供水、供热和物业管理时，由企业的专项经费支持小区改造，并提供物资、配套设施、物业管理等方面的支持。例如，南京市栖霞区计算新村、扬州市邗江区石油新村，改造中分别得到了中石化南京公司、扬州公司的资金和物资支持。

三是通过合理的增量空间，配合长期营收吸引社会企业投资。将改造后的停车位、快递收取、小区广告等运营收入，以及各种配套设施的租金收入等作为资金来源，吸引房地产开发企业、互联网企业参与投资，并获得银行的金融和资金支持。例如，昆山市中华园小区、宿迁市金谷花园等引入了第三方市场进行建设运营，改造投融资与长效管理主体一致，保证改造整体可持续。

四是鼓励居民出资，对产权范围内的房前屋后进行改造。针对顶楼屋面、底层车库等居民产权范围内的改造对象，由居民自主申报并承担部分改造资金，政府予以补贴，再由所在街道办牵头统一组织实施。例如，常熟市金穗公寓、沭阳县人武小区、新沂市新华小区等，居民报名出资后，政府统一对屋顶、车库、电梯进行改造施工。

### 4. 更有活力的更新

更新改造通过空间环境的提升、功能业态的植入，加强了与周边不同功能组团的联动融合，吸引人群使用，提振片区的城市活力。

一是塑造特色公共景观，打造网红打卡地。基于街区式景观、公园式道路的理念，从以人为本、创造邻里空间的角度，通过慢行空间的重组、闲置地块的激活，改善交通出行体验，塑造特色景观样板。例如，盐城市盐都区戴庄路街区，将道路红线与建筑红线之间的地区整合改造，激活沿线街道的低活力绿地，并结合腹地功能对各节点空间进行差异化主题性改造，形成盐城市慢行体验舒适愉悦的网红街区。

二是激活城市公共空间，带来人气和活力。针对滨水公园、绿地广场等城市公共空间，通过游步道品质与亲水舒适度的提升，节点场所、景观小品、廊架建筑等景观设施的优化调整，丰富空间形态变化，满足不同人群的使用需求。例如，南通市崇川区濠河街区通过滨水步道的贯通、绿化植被的改善、局部景观的空间改造，不仅持续提升濠河街区作为旅游景点对游客的吸引度，还为周边住区的居民提供日常休闲场所，形成适宜老人、儿童等各年龄层次活动的滨水客厅。

三是活力新功能新业态"微植入"，带动周边城市功能联动融合。小区、街区改造中，打破围墙界线，通过新增城市书房、社区医院、居民会客厅等设施，在服务本地居民的同时，提升街区品质，进一步提供覆盖周边地区的服务。例如，苏州市姑苏区 32 号街坊，改造中对既有住宅活化利用，积极引入相关文化、传媒、数字等产业，在吸引年轻创业者和从业者的加入的同时，也为居民提供便利服务，打造古城苏式生活体验街区。

### 5. 更有参与感的更新

为顺应人民群众对美好环境与幸福生活的新期待、打造共建共治共享建设格局，在更新改造中积极发动多方主体参与，形成共同缔造合力。

一是党建引领下的多方协同更新组织。一方面以基层党建工作为引领，由街道、社区、驻区企事业单位、业委会、社区能人和设计师组织成为"共建共享共治的区域共同体"。另一方面，发挥居民党员在小区自治管理中的先锋模范作用，通过党员工作室等多种形式，有效推进改造中的违法建筑拆除、改造事务协调沟通等事务。例如，南京市栖霞区姚坊门街区、昆山市中华园街区等通过党建引领助推宜居街区改造建设，化解邻里矛盾，实现邻里自助，并依托红色物业保持改造成效的长期可持续。

二是建立全流程共同缔造，通过陪伴式设计、参与式设计，积极回应居民的诉求。在项目生成阶段、方案公示阶段、施工建设阶段、运营维护阶段，针对既定目标、改造对象、空间范围开展有限共同缔造，寻求最大公约数。例如，南京市鼓楼区天津新村街区在共同缔造过程中引导居民合理表达，并在具体方案实施中，根据施工现场居民的意见和建议，及时调整设计方案，更契合实际使用需求。

三是物业服务覆盖面扩大，居民自治与物业管理联动提升。小区的更新改造，也伴随着由居民自治、政府兜底托管，转为市场化物业公司管理的过程，物业服务的可持续性、服务管理水平显著提升。居民自主选择的物业公司，更有利于两者形成互惠互利的良性关系。例如，淮安市涟水县、宿迁市宿城区的老旧小区改造后，居民的物业服务意识显著提升，物业收缴率高达 95% 以上，有利于改造成效的长期可持续。

## ◎ 持续革新

随着实施城市更新行动上升为国家战略要求，江苏的城市更新实践也进入新阶段，更新工作由点及面，由试点探索转向普遍行动，前期工作中的难题瓶颈亟待突破，人民群众关于美丽宜居生活的新期待还需进一步满足。2021 年 6 月，江苏省政府召开了全省城市更新现场推进会，要求把实施城市更新行动和推进美丽宜居城市建设结合起来。以美丽宜居城市建设为抓手，江苏将围绕"一个先行先试和三个探索"（先行先试推进美丽宜居城市建设，探索美丽宜居城市建设方式方法、探索建立美丽宜居城市建设标准体系、探索美丽宜居城市建设政策机制），加大资金、技术、政策等方面的支持力度，推动地方政府全面深化改革破题探路，支持城市更新集成实施示范和体制机制创新。例如：结合美丽宜居住区、街区试点项目，持续探索城市更新中钱从哪来、空间从哪来等难题，并探索更新向片区、城区等更广范围延伸；推动城市更新立法工作，通过法规制度规范城市更新行动中的空间协调利益分配，解决城市更新与现行用地管理、日照、消防等规定冲突，包括城市更新与城建计划等计划规划衔接、用地用房使用管制、产权认定与处置、建设高度和容量调整等内容；完善城市更新工作的组织实施程序，在自上而下制定"十四五"时期行动计划和自下而上引导"依申请"的基础上，加强"体检评估—方案设计—实施共建—验收认证—长效治理"的全过程督导；加强技术引领，制定发布街道、街区、滨水空间等适应城市更新行动的技术规范文件。江苏关于城市更新的探索仍在路上，很多构想需要大量丰富的基层实践发展完善并展现现实模样，但江苏更新始终围绕人民，始终关注人民的需求，并以实际行动让人民群众增强实际获得感。脚踏实地，仰望星空，"住有宜居"的梦想将不再遥远。

◎ **结语**

有城市就有城市更新。正如芒福德（Lewis Mumford）指出，城市如一个有机体，就像有生命一样，也会面临疾病和衰落，甚至死亡。因此，城市更新就成为城市生长过程中自我调节的重要环节，是城市生命力、吸引力和创造力的不竭源泉。本书力图较全面地记录江苏迈向住有宜居的城市更新行动的历程、成果及思考，阐释新时期江苏对于城镇化转型、城市发展规律的认识和实践探索的全过程，希望能够为地方决策者、实践者、建设者和所有关心城市的人们带来启发，引发更多的延伸思考与创新实践，推动城市更新行动改革破题、动态完善、不断提升，共同努力实现美丽宜居城市的美好图景。

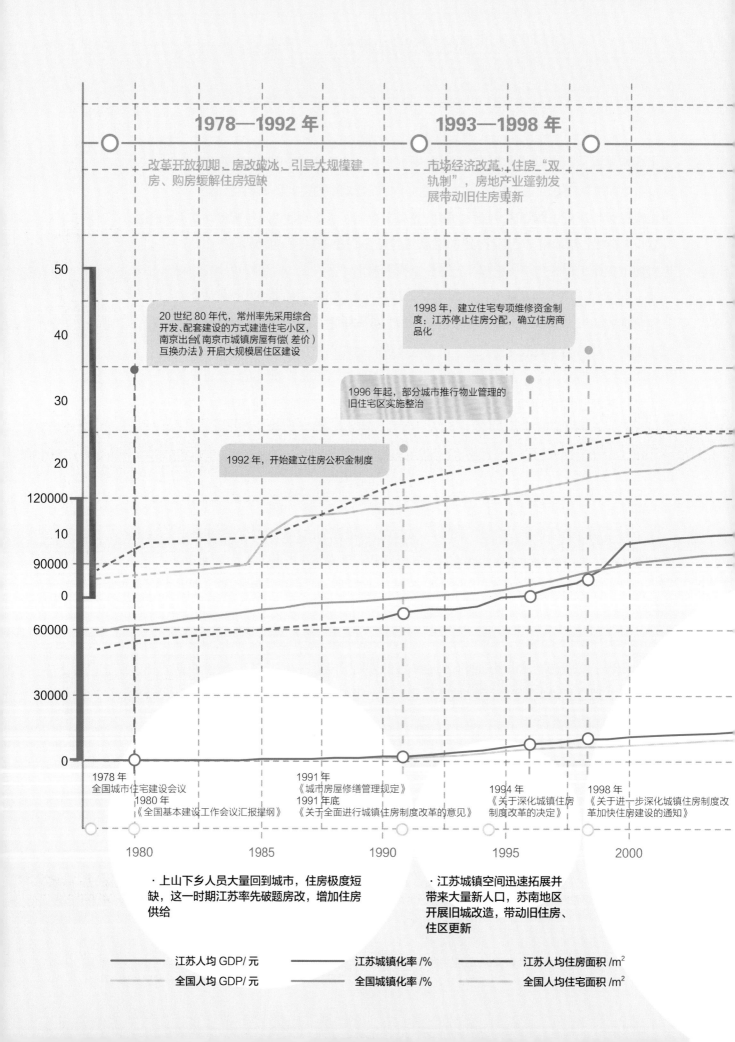

**1978—1992 年**

改革开放初期，房改破冰，引导大规模建房、购房缓解住房短缺

**1993—1998 年**

市场经济改革，住房"双轨制"，房地产业蓬勃发展带动旧住房更新

20 世纪 80 年代，常州率先采用综合开发、配套建设的方式建造住宅小区，南京出台《南京市城镇房屋有偿（差价）互换办法》开启大规模居住区建设

1998 年，建立住宅专项维修资金制度；江苏停止住房分配，确立住房商品化

1996 年起，部分城市推行物业管理的旧住宅区实施整治

1992 年，开始建立住房公积金制度

1978 年
全国城市住宅建设会议
1980 年
《全国基本建设工作会议汇报提纲》

1991 年
《城市房屋修缮管理规定》
1991 年底
《关于全面进行城镇住房制度改革的意见》

1994 年
《关于深化城镇住房制度改革的决定》

1998 年
《关于进一步深化城镇住房制度改革加快住房建设的通知》

1980　　　　　1985　　　　　1990　　　　　1995　　　　　2000

· 上山下乡人员大量回到城市，住房极度短缺，这一时期江苏率先破题房改，增加住房供给

· 江苏城镇空间迅速拓展并带来大量新人口，苏南地区开展旧城改造，带动旧住房、住区更新

———— 江苏人均 GDP/ 元　　　———— 江苏城镇化率 /%　　　———— 江苏人均住房面积 /m²

———— 全国人均 GDP/ 元　　　———— 全国城镇化率 /%　　　———— 全国人均住宅面积 /m²

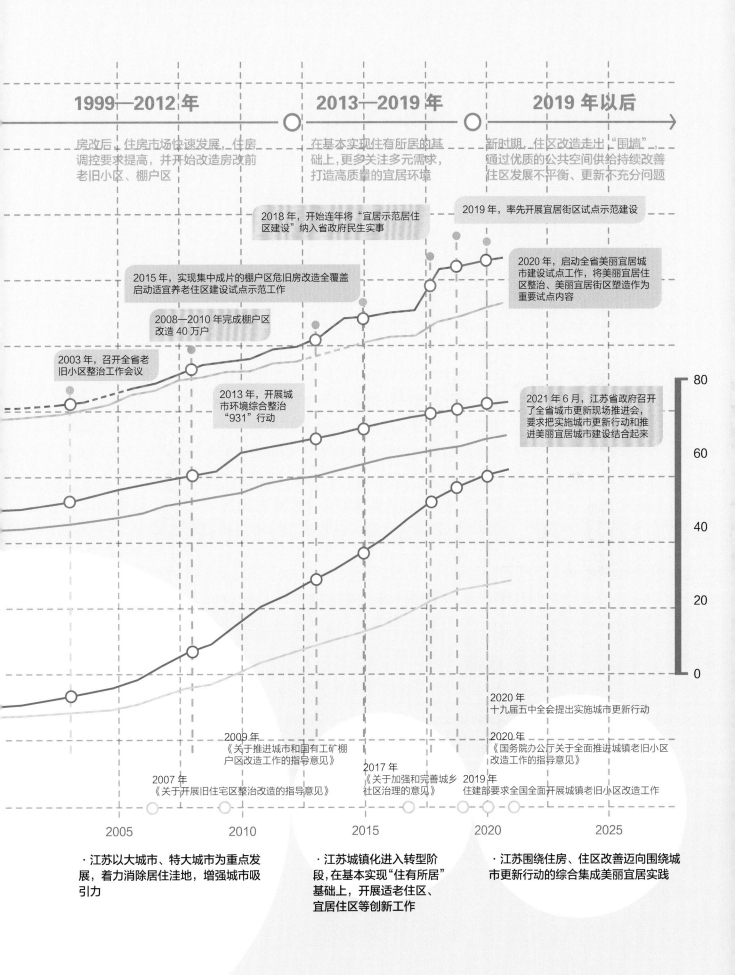

**1999—2012 年**

房改后，住房市场快速发展，住房调控要求提高，并开始改造房改前老旧小区、棚户区

**2013—2019 年**

在基本实现住有所居的基础上，更多关注多元需求，打造高质量的宜居环境

**2019 年以后**

新时期，住区改造走出"围墙"，通过优质的公共空间供给持续改善住区发展不平衡、更新不充分问题

2018 年，开始连年将"宜居示范居住区建设"纳入省政府民生实事

2019 年，率先开展宜居街区试点示范建设

2015 年，实现集中成片的棚户区危旧房改造全覆盖启动适宜养老住区建设试点示范工作

2020 年，启动全省美丽宜居城市建设试点工作，将美丽宜居住区整治、美丽宜居街区塑造作为重要试点内容

2008—2010 年完成棚户区改造 40 万户

2003 年，召开全省老旧小区整治工作会议

2013 年，开展城市环境综合整治"931"行动

2021 年 6 月，江苏省政府召开了全省城市更新现场推进会，要求把实施城市更新行动和推进美丽宜居城市建设结合起来

2020 年
十九届五中全会提出实施城市更新行动

2009 年
《关于推进城市和国有工矿棚户区改造工作的指导意见》

2020 年
《国务院办公厅关于全面推进城镇老旧小区改造工作的指导意见》

2007 年
《关于开展旧住宅区整治改造的指导意见》

2017 年
《关于加强和完善城乡社区治理的意见》

2019 年
住建部要求全国全面开展城镇老旧小区改造工作

2005          2010          2015          2020          2025

·江苏以大城市、特大城市为重点发展，着力消除居住洼地，增强城市吸引力

·江苏城镇化进入转型阶段，在基本实现"住有所居"基础上，开展适老住区、宜居住区等创新工作

·江苏围绕住房、住区改善迈向围绕城市更新行动的综合集成美丽宜居实践

# Contents 目录

🏠 **1 PART** 老旧小区改造    001

**项目分布**    002

**行动概览**    004

· 立足现实：渐次推进的老旧小区改造

**样本观察**

· 国企职工家属区的移交后改造：南京市计算新村小区    010

· 历史地段与老旧小区改造同步推进：苏州市 32 号街坊    019

· 零散小区连片改造与管理：盐城市酒厂片区    027

· 小微空间资源挖掘与错时共享：扬州市锦旺苑小区    035

· 自选清单及自愿出资改造：常熟市甬江西路片区    043

· 多方资金共担激发改造活力：新沂市新华小区    051

· "集体经济"模式的安置小区改造：苏州市国泰一村小区    059

👨‍👧 **2 PART** 适老住区打造    065

**项目分布**    066

**行动概览**

· 率先探索：银发浪潮下的适老住区改造    068

**样本观察**

· 从设施环境适老到长效服务助老：扬州市荷花池小区    072

· 利用架空层改造全龄友好的温情空间：扬州市桐园小区    081

· 社区治理创新打造"家门口就业"服务：宿迁市豫新街道    086

**3** PART　宜居住区建设　　093

**项目分布**　094

**行动概览**　096

· 锚定宜居：江苏特色的住区综合提升

**样本观察**

· 聚焦社区"一老一小"：常州市富强新村　100

· 安全智能的园林住区：苏州市华阳里小区　110

· 大体量小区的夹缝空间激活：南京市尧林仙居　117

· 物业管理创新打造和谐社区：江阴市兴澄锦苑　125

· 重拾集体记忆塑造人文住区：镇江市中营片区　131

**4** PART　宜居街区塑造　　141

**项目分布**　142

**行动概览**　144

· 打破"墙"界：综合集成的街区更新

**样本观察**

· 老城高密度地区的围墙内外联动更新：南京市天津新村宜居街区　148

· 城郊接合部的空间与社会融合：南京市姚坊门宜居街区　157

· 数字规划设计下的共同缔造：南京市阅江楼宜居街区　170

· 外来人口密集街区的可持续改造管理探索：昆山市中华园宜居街区　183

· 住区与滨水公共空间串联改造：宜兴市东氿新城宜居街区　194

· 基于产权的历史风貌地区微更新：南京市小西湖历史街区　204

· "完整街道"一体化品质提升：盐城市戴庄路街区　214

· 没有围墙的绿色林荫空间改造：泗洪县山河路街区　228

· 兼顾居民与游客的历史人文品质提升：南通市濠河滨河街区　235

后记　243

# 城市更新行动
## 的江苏宜居实践

TOWARD A LIVABLE JIANGSU:
Practices and Explorations of Urban
Renewal Action

◎ 项目分布

◎ 行动概览

· 立足现实：渐次推进的老旧小区改造

◎ 样本观察

· 国企职工家属区的移交后改造：南京市计算新村小区

· 历史地段与老旧小区改造同步推进：苏州市 32 号街坊

· 零散小区连片改造与管理：盐城市酒厂片区

· 小微空间资源挖掘与错时共享：扬州市锦旺苑小区

· 自选清单及自愿出资改造：常熟市甬江西路片区

· 多方资金共担激发改造活力：新沂市新华小区

· "集体经济"模式的安置小区改造：苏州市国泰一村小区

1

PART

# 老旧小区改造

## ■ 项目分布

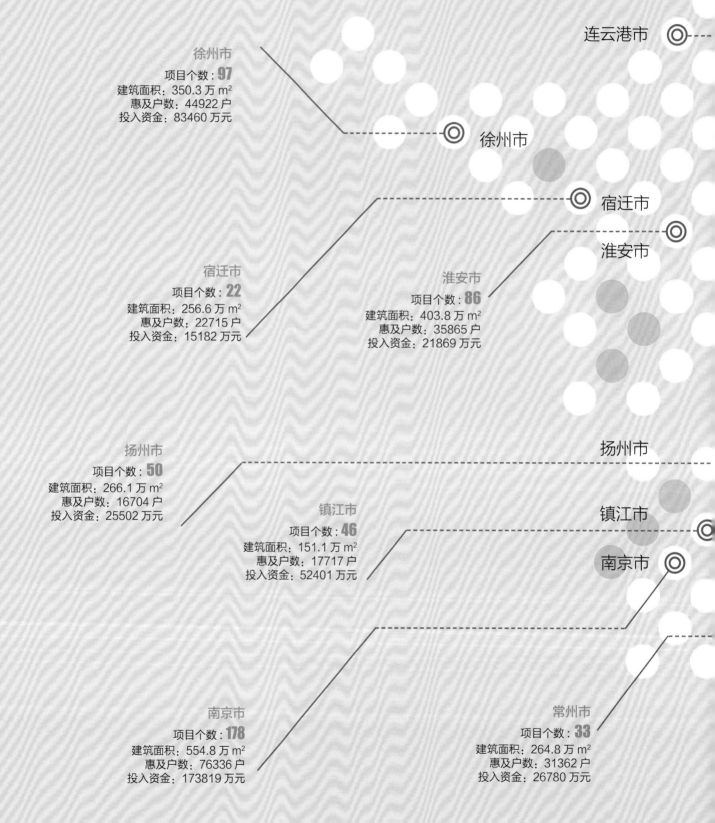

连云港市

徐州市
项目个数：**97**
建筑面积：350.3 万 m²
惠及户数：44922 户
投入资金：83460 万元

徐州市

宿迁市

淮安市

宿迁市
项目个数：**22**
建筑面积：256.6 万 m²
惠及户数：22715 户
投入资金：15182 万元

淮安市
项目个数：**86**
建筑面积：403.8 万 m²
惠及户数：35865 户
投入资金：21869 万元

扬州市
项目个数：**50**
建筑面积：266.1 万 m²
惠及户数：16704 户
投入资金：25502 万元

扬州市

镇江市
项目个数：**46**
建筑面积：151.1 万 m²
惠及户数：17717 户
投入资金：52401 万元

镇江市

南京市

南京市
项目个数：**178**
建筑面积：554.8 万 m²
惠及户数：76336 户
投入资金：173819 万元

常州市
项目个数：**33**
建筑面积：264.8 万 m²
惠及户数：31362 户
投入资金：26780 万元

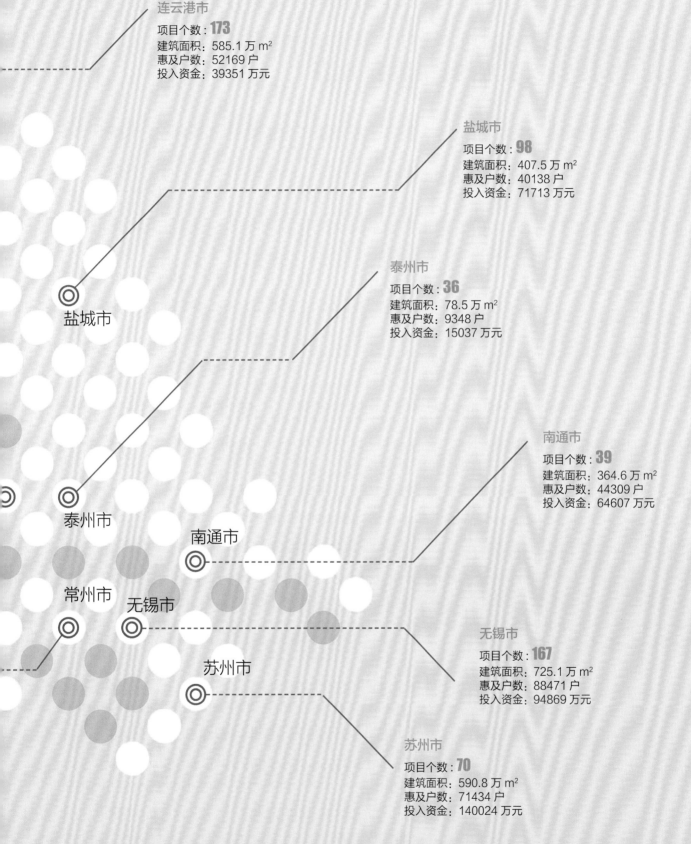

连云港市
项目个数：**173**
建筑面积：585.1 万 m²
惠及户数：52169 户
投入资金：39351 万元

盐城市
项目个数：**98**
建筑面积：407.5 万 m²
惠及户数：40138 户
投入资金：71713 万元

泰州市
项目个数：**36**
建筑面积：78.5 万 m²
惠及户数：9348 户
投入资金：15037 万元

南通市
项目个数：**39**
建筑面积：364.6 万 m²
惠及户数：44309 户
投入资金：64607 万元

盐城市

泰州市

南通市

常州市　无锡市

苏州市

无锡市
项目个数：**167**
建筑面积：725.1 万 m²
惠及户数：88471 户
投入资金：94869 万元

苏州市
项目个数：**70**
建筑面积：590.8 万 m²
惠及户数：71434 户
投入资金：140024 万元

数据为 2019—2020 年江苏省老旧小区改造项目

■ 行动概览

# 立足现实：渐次推进的老旧小区改造

## ◎ 为全国发展探路的先行先试

老旧小区量大面广，住宅建设标准不高、基础设施不齐、功能配套缺失等让老百姓"急难愁盼"的问题多，群众改造愿望强烈。加快改造城镇老旧小区，是一项涉及面广、系统性强、关注度高的民生和发展工程，对满足人民群众美好生活需要，推动惠民生、扩内需，推进城市更新和开发建设方式转型，促进城市高质量发展具有十分重要的意义。

江苏作为全国先发地区，早于大多数地区率先步入城镇化转型阶段，也较早地面临了老旧小区短板亟待补齐等问题，率先为全国老旧小区改造进行了先行先试的探索。20 世纪 90 年代后期，南京、苏州、无锡等苏南城市已开始由地方政府主导推行旧住宅区整治工作。进入 21 世纪，随着改革开放早期兴建的小区的普遍老化破损，江苏于 2003 年召开全省老旧小区整治工作会议，启动全省层面老旧小区整治工作，逐渐从单个房屋、单项工程走向住区的综合改造。2013 年，全省开展以"九整治""三规范""一提升"为主要内容的城市环境综合整治"931"行动，其中老旧小区为整治对象之一，3 年累计整治老旧小区 1346 个，提升了百姓生活品质。

2018 年以来，江苏省政府每年都将老旧小区改造列入十大民生实事。在老旧小区综合整治的基础上，按照《关于加强老旧小区环境综合整治推进宜居示范居住区建设工作的指导意见》（苏建房管〔2018〕175 号）中提出"重点支持 2000 年前建设的老旧小区"的要求，对全省一部分老旧小区进行了宜居化改造，形成了一批宜居示范居住区，为其他老旧小区的改善提供了示范经验。

2019 年国务院《政府工作报告》提出，城镇老旧小区量大面广，要大力进行改造提升。国务院先后多次召开常务会议进行部署推进。同年，江苏将美丽宜居住区纳入美丽宜居城市的综合类试点类型。2020 年以来，随着全国城镇老旧小区改造工作全面推进，结合美丽宜居住区综合整治试点，江苏老旧小区改造的新路径新模式正在继续探索。通过"认识—实践—再认识—再实践"这样循环往复的过程，结合地方实践与省级指导的互动，推动老旧小区改造的实践渐次深入开展，以实际行动不断提高新时代人民群众的获得感、幸福感、安全感。

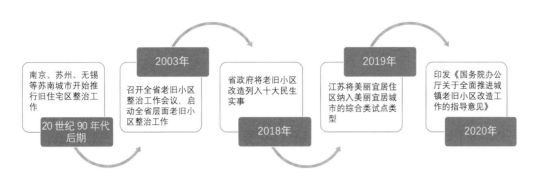

南京、苏州、无锡等苏南城市开始推行旧住宅区整治工作

20 世纪 90 年代后期

2003年
召开全省老旧小区整治工作会议，启动全省层面老旧小区整治工作

省政府将老旧小区改造列入十大民生实事

2018年

2019年
江苏将美丽宜居住区纳入美丽宜居城市的综合类试点类型

印发《国务院办公厅关于全面推进城镇老旧小区改造工作的指导意见》

2020年

国家及江苏老旧小区改造大事记

## ◎ 攻坚克难啃硬骨的工作探索

老旧小区量大面广，在改造过程中，如何更公平、更有效地确定改造对象和改造内容？如何实现经济可持续？如何用紧缺的空间增加更多活动场所和服务？针对这些现实问题，江苏开展了一系列的实践探索，率先攻克难题、啃硬骨头。

发挥居民主体作用。2020 年，江苏省住房和城乡建设厅组织开展了城镇老旧小区

老旧小区居民认为最需要进行的改造项目

| 选项 | 小计 | 比例 |
|---|---|---|
| 楼顶和外墙改造，更换老旧窗户，解决渗漏并提高保温隔声性能 | 5588 | 59.48% |
| 翻新楼道和地下室地面、墙面 | 3846 | 40.94% |
| 换装、加装电梯 | 3400 | 36.19% |
| 重新规划小区道路，方便出行，并适度增加停车位 | 3990 | 42.47% |
| 增加排蓄手段，改善小区排水、排污效果 | 2625 | 21.56% |
| 改善小区绿化，修整外露管线，使小区整洁美观 | 1681 | 17.89% |
| 改善公共空间照明（包括楼道、地下空间、路面） | 955 | 10.17% |
| 完善小区门禁和安防监控，增设高层建筑高空抛物监控 | 840 | 8.94% |
| 扩大老人、孩子的活动区域，增加健身设施 | 445 | 4.74% |
| 其他 | 23 | 0.24% |

数据来源：城镇老旧小区更新改造调查

更新改造意愿的专题调查，发放9394份网络公众问卷调查，深入了解居民改造的真实意愿。各地也结合实际，坚持"美好环境和幸福生活共同缔造"理念，采取线上线下意见征求、召开板凳会议、组建临时党支部等多种方式，广泛发动群众参与，听取群众意愿，让需要改造的居民决定"改不改""改什么""怎么改"，实现决策共谋、发展共建、建设共管、效果共评、成果共享。例如，南京市将改造计划通过媒体公开公布，改造现场设立群众意见征询站、公示点，改造后邀请市人大进行视察监督。宿迁市尝试政府"配餐"和居民"点餐"共同确定改造项目内容，最大限度满足居民多层次需求。

强化工作组织推动。成立了省城镇老旧小区改造工作领导小组，由分管副省长担任组长，成员单位包括住建厅、发改委、财政厅、自然资源厅等17个省级部门。2020年8月和2021年1月，先后召开了两次全省城镇老旧小区改造工作推进电视电话会议，对工作进行研究部署，压紧压实市县责任。各市、县政府也参照省级做法，成立了领导机构，明确了牵头部门，建立了推进机制。目前，全省13个设区市全部成立了以政府主要领导或分管领导为组长的领导小组或者工作专班，为统筹推进改造各项工作提供了基础保障。

加强政策技术支撑。在政策支持方面，省城镇老旧小区改造工作领导小组在2020年底印发了《关于全面推进城镇老旧小区改造工作的实施意见》，围绕精简优化审批流程、探索创新改造模式、加强规划制度创新、落实土地支持政策、明晰新增设施权属等内容提出了一系列政策支持措施，得到了住房和城乡建设部的肯定并在全国推广。为解决各地普遍反映存在的老旧小区改造中电力、通信、有线电视等

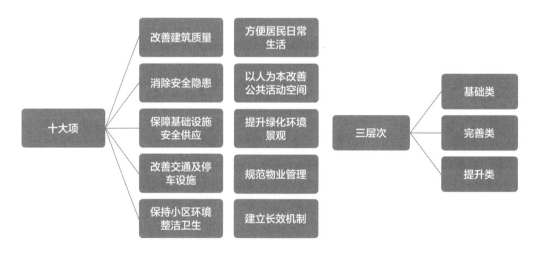

《江苏省老旧小区改造（宜居住区创建）技术指南》提出十大项三层次的改造内容指引

管线改造提升等难点堵点问题，2021年4月出台了《关于加强我省城镇老旧小区管线改造整治工作的指导意见》，提出了强化部门协同配合、精简优化审批程序、合理细化出资原则、落实部门责任分工等配套支持政策措施，明确了"应改尽改、应整尽整"的工作目标。在技术指导方面，江苏省住房和城乡建设厅牵头组织编制了《江苏省老旧小区改造（宜居住区创建）技术指南》《江苏省老旧小区改造（宜居住区创建）评价办法（试行）》等技术文件，编印了《老旧小区改造工作情况简报》《江苏省老旧小区改造案例集》等，及时总结、宣传推广各地创新成果和典型经验，强化典型带动，指导项目建设。各地也因地制宜，研究实施细则，出台具体措施，细化改造标准，不断完善各项配套支持政策，如印发老旧小区改造实施方案、制定老旧小区改造行动计划、出台老旧小区改造工作考核办法等。

扎实推进项目实施。在项目推动方面，近年来，江苏省政府每年就城镇老旧小区分解下达各市政府年度改造任务，并将"老旧小区改造完成率"纳入高质量发展监测评价指标体系当中，作为高质量发展考核的重要依据。在资金支持方面，一方面，积极申请中央补助资金，安排省级专项资金，用于支持地方改造建设，截至2021年4月，全省已申请获得各类补助资金共计16.2亿元，其中，省级财政安排2.5亿元专项资金，申请获得中央财政补助资金9.3亿元，申请获得中央预算内投资计划资金4.4亿元，还有一批项目正在积极争取国家资金支持。另一方面，加强与金融机构工作对接，及时通报全省老旧小区改造规划、年度计划以及相关项目情况，积极推动政银合作市场化参与改造，与中国建设银行、国家开发银行江苏分行、农业发展银行江苏分行签订战略合作协议，编印《江苏省老旧小区改造专项债发行操作指南》，开展全方位、多形式合作，解决地方改造资金投入不足的难题。

◎ **解决难点痛点的江苏创新实践**

江苏经过近年来的持续努力与不懈探索，老旧小区改造颇见成效，一系列难点痛点得到化解，主要包括以下三个方面。

一是有效扩大投资、拉动内需，促进经济平稳健康发展。截至2020年底，江苏已累计改造2000年前建成的老旧小区8729个，涉及建筑面积2.4亿$m^2$，惠及超过800万人。其中2020年全年完成老旧小区改造项目775个，惠及32.5万户家庭，受益人口将近100万人，完成直接投资金额50多亿元，也带动了建筑建材、燃气供水、电力通

信、家用电器等相关消费，具有稳增长、调结构、惠民生一举多得之效，对落实"六稳""六保"任务发挥了积极作用。从江苏的情况来看，参照最近几年省内老旧小区改造项目投入，如果按照 500 元/m² 的改造标准计算，全省老旧小区改造共需直接投入约 912 亿元，按照世界银行数据模型 1.4 的投资拉动系数，将拉动投资约 1276 亿元，两项合计达 2188 亿元；如果按照全面综合提升的标准（约 1000 元/m²），共需直接投入约 1823 亿元，拉动投资将达到 2552 亿元。

二是聚焦基础设施和公共服务短板，回应居民"急难愁盼"。在推动加装电梯方面，江苏省住房和城乡建设厅加大推进加装电梯工作力度，及时向全省所有市县总结推广"业主主导、政府搭台、专业辅导、市场运作"工作模式，"1+12"政策体系、设计导则和便民办事指南，推动各设区市支持政策出台和项目落地全覆盖，"幸福梯"不断诞生。截至 2021 年 1 月，全省 13 个设区市全部实现了老旧小区加装电梯的零突破，其中有 12 个设区市出台了支持老旧小区加装电梯的政策措施，全省累计加装电梯 1878 部。围绕停车难，各地探索了立体停车、边角地新增车位、错时共享停车等多种办法。围绕公共服务用房增加难，各地探索了复合利用原有建筑、与养老机构合作使用底住底商、与便民商业协商嫁接助餐送餐服务等多种方式，丰富社区服务。围绕室外活动场地缺乏，各市普遍积极发掘改造小区内畸零地，将步道、健身器材、绿化景观等，有机融入绿地、广场、建筑底层架空场所等空间，将老人、儿童等多代人群活动场地结合布置，提高场地使用效率。

三是创新体制机制，探索解决工作推动中的难点、痛点、堵点问题。在改造资金共担方面，各地积极探索建立政府、居民与社会力量合理共担改造资金的机制。苏州市创新发起"出资'一块'钱，'一块'来改造"行动，动员每户业主参与改造，并通过停车位等运营收入、各种配套产生的租金收入吸引房地产开发企业和金融机构加入改造。在改造模式方面，各地创新项目运作方式，通过大片区统筹或相邻项目捆绑改造等方式，实现空间资源最优化配置。盐城市盐都区酒厂片区，将 8 个老旧小区进行整体规划，打破原先"各自为政"小围墙，开展大片区统筹改造。在长效管理方面，江苏省住房和城乡建设厅、江苏省委组织部联合印发了《关于以党建引领全面提升物业管理服务水平的指导意见》，推动各地探索创新老旧小区物业管理服务新模式，保障改造长效。常州市金坛区南园二村小区改造后，在社区指导下建立党支部，构建了党组织领导下的多方联动服务机制，业主党员划分责任区，引入并监督物业服务企业维护管理。

◎ **结语**

在政府、居民与社会力量的共同努力下，越来越多的江苏老旧小区改造项目正在以可观可感的成效集中呈现。但同时，也应清醒地看到，目前工作中还存在"融资"和"盈利"难破解、"面子"和"里子"难协调、"硬件"与"软件"难兼顾等方面的问题。下一步，还需要进一步立足省情特征，破题以上难点，打造老旧小区改造"升级版"，并在此基础之上，探索打破"墙"界，推动住区私密空间向街区公共空间拓展延伸，带动和激活城市社区、片区以及城市整体环境改善，为老百姓创造更加美丽的生活家园，打造美丽宜居城市的江苏样板。

# 国企职工家属区的移交后改造：南京市计算新村小区

**用地面积：**1.2 万 m²
**建筑面积：**1.77 万 m²
**建成年代：**20 世纪 80 年代
**房屋产权类型：**房改房
**人口情况：**242 户，694 人，其中 60 岁以上人口占比 50%
**更新实施时间：**2020 年 3 月—2020 年 12 月

**地点**
南京市栖霞区尧化街道尧新大道 68 号

◎ **基本情况**

计算新村作为中石化江苏油田分公司物探研究院家属区，位于尧化街道尧新大道 68 号，建于 20 世纪 80 年代，建筑面积 1.77 万 $m^2$，共有住房 242 套，居民中企业职工 150 户，占比达 62%。小区建设年代较早，现已存在房屋屋面及外立面大面积渗漏，废旧供热、供水管道杂乱，道路破损严重，窨井盖破损，机动车乱停放，非机动车停放不规整，绿化不足等问题。

◎ **案例特色**

### 1. 打破壁垒：实现个人利益与公共利益最大化

计算新村小区门外的邻安路是周边居民步行通往地铁站和商业中心的必经道路，是尧新大道快速通道的人行补充，也是姚坊门宜居街区建设中打造的"睦邻友好一条街"。在改造前期，邻安路在计算新村小区南侧路面上有 5 根粗壮电杆，有强电、弱电也有治安监控等，致使人行道路被杆线和大树占据，可以让人通行的道路不足 50cm。

宜居化设计方案是取消所有电杆，优化人行道路，使健康步道扩宽至 2m。设计方案在意见征询期间遭到小区许多居民的反对，大家不愿意退让小区内部的闲置空间，不愿意让"利"给市政公共道路。宜居创建办充分统筹考虑实际，利用小区北侧供暖供热管道拆除后的边角地，增加了集装箱作为小区居民活动用房，以集装箱体代替了传统小区围墙，增加室外体育健身设施，同时不影响邻安路整体出行，实现了住区改造与城市道路改造两个独立项目相融合，实现片区综合考量，结合实际进行宜居化调整，既不侵占小区居民利益，又可实现公共利益最大化。

小区门外的邻安路改造前后

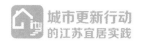

### 2.寻求突破：拆除废旧管道，实现共建共治共享

计算新村小区是国企职工家属区，几十年来居民享受着国企提供的供暖、供热水福利。随着国企"三供一业"移交地方后，陆续停止供暖、供热水，与此同时，输送管道几十年来早已破旧不堪，存在安全隐患。

街道牵头社区、企业等各方力量与居民充分沟通，成功拆除了计算新村小区242户的供暖、供热水管道，小区楼栋间空间得以明显释放；小区强弱电管线实现下地或序化，居民反响良好。

管线整治前后

### 3.空间共享：深入挖掘资源，统筹车位、球场等空间设施

为解决住区车位不足，回家"抢车位"的问题，计算新村小区充分整合公共资源，通过与企业协调商议，深入挖掘资源，打造更多共享停车位。

中石化江苏油田分公司物探研究院办公区与计算新村生活区在一个区域范围内，"三供一业"移交后，原小区整治方案中将办公区与生活区进行物理隔离，增砌围墙，但小区居民意见很大。经与企业总部及矿服公司等单位沟通，实现了办公区与生活区车位合并使用，办公区停车位与生活区停车位费用一致。此外，由街道物业公司进行统一管理，打破了国企物业由国企后勤部或后勤公司运营的惯例，实现了国企办公区和家属区移交地方后统一管理，资源共享。

居民共商共议

共享停车场　　　　　　　　　　　　　　　　共享篮球场

### 4. 玩出创意：搭造集装箱休闲空间

计算新村缺少室内休闲空间，而小区也没有多余房屋可供改造，因此首次尝试通过集装箱搭建的方式"造"出休闲空间。这排"房子"由 21 个集装箱拼接、切割、堆砌、打磨而成，代替传统围墙，构成一个多功能、多元素的公共休闲空间。集装箱可移动、组装便捷、构造实用，为居民提供阅读、垃圾分类、休憩交流的空间，构成了一个多功能、多元素的活力社区中心。居民活动中心多处开启透明落地大窗，门前设有幼儿活动场地，方便老人与儿童的互动活动。

居民活动中心改造前后

### 5. 变废为宝：夹角荒地变幸福空间

利用原小区的荒废角落，卫生死角，清理后打造出一处 300m² 的休闲广场，安装景观凉亭一座。原先早已枯败的景观池，经过清淤清洁后焕然一新。改造后，居民有了休闲娱乐空间，在此打太极、话家常，提升幸福感与归属感。

休闲广场改造前后

景观池改造前后

◎ **实践成效**

### 1. 人居环境改善

经过老旧小区改造后，截至 2020 年底，计算新村小区环境提升显著。小区内拆除违建 130m²，改造地下管网，实现雨污分流，将闲置空间改造为集装箱居民活动中心 464m²，新增 10 个停车位，并将办公区与居住区停车位实现共享。

### 2. 人群结构变化

计算新村小区作为老旧小区，老年人口比例较高。改造后的计算新村小区，环境得到了综合整治，停车问题得到了较大程度的解决，很多年轻人也愿意再回来居住，之前过半数的老年比例目前有所改善。

### 3. 投资就业带动

计算新村小区移交改造资金为 7500 元 / 户，资金专款专用于小区改造，尧化街道在开展老旧小区改造基础上，升级改造标准，总体投入达到 514.26 万元，小区改造工程直接带动就业人数 31 人。

### 4. 城市活力激发

通过此次改造，计算新村小区基本完成了配套设施完善、环境优美、管理提升、群众满意的目标。其中，创意集装箱居民活动中心成为"网红"地带，活力突显，能够满足不同年龄段居民个性化需求。为计算新村小区提供物业管理服务的是尧化街道下属的南京姚坊门物业管理有限公司，红色物业扎根基层发挥基层党建的引领作用，以"一个党员带动一个项目"为目标在物业管理中出实招、见实效。小区改造后，获得"江苏省宜居示范居住区"称号。

## 大家声音

　　中石化江苏油田分公司物探研究院副院长祁德清："街道为院里'三供一业'移交提供了很大支持，做了大量的服务，进行社会化管理、市场化运行。小区改造过程中，街道额外为小区增加了200多万元的改造资金，小区维修改造进度也加快。物探院十分放心也十分感谢，将全力支持配合街道与物业工作。"

　　居民张师傅："我家住顶楼，原来一到下雨天，外面下大雨，家里下小雨，房屋漏水严重，这次小区改造，解决了困扰我家里多年的问题。"

　　居民夏女士："原来小区里环境很差，像我们这种带小孩出来散步的连个坐的地方都没有，现在改造好了，设施基本都有了，广场里有凉亭，还有一个综合的活动室，树木修剪后，我家的采光也好了。"

　　小区改造获得《新华日报》、"学习强国"等国家、省、市级媒体报道17次。2020年7月23日"新华网"报道《从"要你改"变为"我要改"，探索改造资金多方共担机制老旧小区改造按下"加速键"》；2020年7月25日荔枝网报道《南京"老小区"实现"逆生长""微更新"让城市绽放新活力》等。

供稿：**张福勇**｜南京市栖霞区尧化街道，副主任

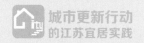

"已改造"

计算新村
小区

VS

"未改造"

煤医物测
小区

50%　计算新村
小区

29%　煤医物测
小区

**60 岁以上人口占比**

**1983 年**　　　　　　　**1979 年**

1.2　0.9　1.77　1.45　　130　　0　0　0

用地面积/万 m²　建筑面积/万 m²　危房整治/万 m²　违建拆除/m²

242 户
194 户

**户数**

694 人
563 人

**人口**

典型国企家属区老旧小区，探索解决空间整合利用、多元资金筹措等关键问题

与计算新村均位于尧化街道，二者同为国企家属区老旧小区，居民构成和收入水平相近

**房屋建筑**

建筑风貌

**公共活动场地**

场地规模
640m²

**景观风貌**

绿地率
25%

## 景观风貌

宜人
程度

## 交通出入环境

60 个
车位
新增

10 个为小区内部
50 个为企业共享

停车棚

市政
管线

管线下地

虽进行过管网规整，
但仍较为杂乱

## 物业管理

| | 物业管理类型 | |
|---|---|---|
| 政府托管（物业公司即将进场） | | 政府托底 |
| 2020 年 3 月 | 物业公司入驻时间 | 2013 年 10 月 |
| 0 | 物业费 | 0 |
| 0 | 物业费收缴率 | 0 |
| 垃圾分类房（有垃圾分类积分兑换激励措施） | 生活垃圾分类情况 | 无 |

## 配套服务

| | | |
|---|---|---|
| 278.42m² | 社区活动用房建筑面积 | 0 |
| 186.02m² | 老年人服务设施建筑面积 | 0 |
| 文化服务、休闲娱乐等 | 便民服务提供情况 | 无 |

## 房价变化

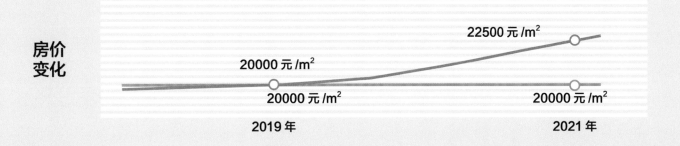

22500 元 /m²

20000 元 /m²

20000 元 /m²

20000 元 /m²

2019 年

2021 年

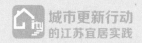
**大家声音**

煤医物测小区居民李大爷:"附近小区都改得那么好,我们也想改哎,但是没政策啊,以前的单位早就没了也没人来搞。"

尧化街道武主任:"煤医物测小区未被纳入'三供一业'分离移交名单,也未被纳入近几年的老旧小区改造清单,整体面貌与周围已经改造的小区差距较大。"

◎ 小结

1.国企的运营状态和社会责任心对家属区的改造影响明显。计算新村小区所属的国企仍在,在"三供一业"分离移交及后续改造中积极参与,主动作为;而煤医物测小区所属的国企已破产,未参与小区的相关改造。

2.老旧小区改造资金应积极探索多方合力,实现集成改善。计算新村小区的改造资金综合了"三供一业"分离移交、老旧小区改造、相关市政专项等多方面来源,这些资金支撑了内容丰富的综合改造;而煤医物测小区缺少资金支持,因而只能由政府兜底,进行最基础的整治。

3.老旧小区的设施、服务等方面的短板不仅可以从小区内部补,还可以考虑从小区外部借力。计算新村小区与邻近的中石化江苏石油物探研究院办公区共享停车位、篮球场等资源,补上了设施方面的短板;而煤医物测小区的新增停车位主要来源于小区内部的违建拆除,难以满足居民需求。

# 历史地段与老旧小区改造同步推进：苏州市 32 号街坊

**用地面积：** 23.24 万 m²

**建筑面积：** 24 万 m²，其中公共建筑 12 万 m²（含商业 5 万 m²），居住建筑 12 万 m²

**建成年代：** 清末民初—2000 年

**房屋产权类型：** 成套房 50%，公房（含房改房）约 30%，私房（传统民居）约 20%

**人口情况：** 1877 户

**基层治理情况：** 涉及社区 1 个、网格 4 个、小区 3 个、均无物业

**更新实施时间：** 2019—2023 年

**地点**
苏州市姑苏区，西至学士街，东至养育巷，
南至道前街，北至干将西路

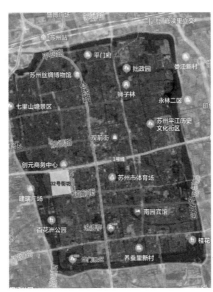 

◎ **基本情况**

　　32 号街坊的街巷保持了明清以来的名称、走向和格局，历史文化遗存丰富，大量明清建筑、近代住宅、古典园林、衙署旧址、古树古井等分布其中，体现苏州古城风貌。街坊内以居住为主，完好保存着姑苏人家的生活气息，60 岁以上老年人约 1230 人，青少年约 400 人，房屋大部分为 2000 年之前的建筑，整体状况较差，基础设施薄弱，户均面积小，居民改造意愿比较强烈。

　　2019 年 9 月，苏州市政府出台了《苏州市城镇老旧小区改造试点工作方案》，明确了老旧小区改造试点和三年行动计划的具体要求，将 32 号街坊老旧住区更新改造纳入试点项目。2020 年姑苏区实事项目架空线整治和入地工程启动，拉开了 32 号街坊老旧住区更新改造基础设施改善提升的序幕。

　　32 号街坊的整体定位为"国际文化艺术交流中心，古城苏式生活体验街区"。古城是传承历史的居住空间，做好古城内老旧住区改造，不仅是传承历史、活化古城的有效之举，更是改善民生、提升环境的迫切需要。32 号街坊由苏州历史文化名城保护与更新置业有限公司（以下简称"更新公司"）实施基础设施完善、居民搬迁、历史遗存修复与展示、公共空间品质提升、低效用地开发、综合管理等方面的更新工作。

32 号街坊改造前

32 号街坊老旧住区环境改善提升工程项目构成及投资情况

| 序号 | 改造分项 | | 单位 | 工程量 | 总投资/万元 |
|---|---|---|---|---|---|
| | 项目名称 | 项目内容 | | | |
| 1 | 老旧小区及零星楼环境改善提升工程 | 实施房屋立面整治、市政管线改造、道路整修、线路梳理、阳台雨污水收集、道路绿化整治、完善景观照明、非机动车库改造及充电桩设置、监控技防改造、完善公共配套、环境秩序提升等，推进邮政信报箱、防盗门专项整治 | m² | 29000 | 2262 |
| 2 | 传统民居环境改善提升工程 | 实施公共通道、公共空间及立面整治、管线梳理、路面整修、绿化整治、完善景观照明、监控技术改造、完善公共配套、环境秩序提升、服务设施完善、增设特色文化小品等 | m² | 24000 | 2640 |
| 3 | 街巷综合整治工程 | 整治路面立面、完善绿化景观、规范标识标牌、整治街容秩序、治理街巷环境、改造公共空间等 | m² | 20000 | 1000 |
| 4 | 智慧街区建设项目 | 引入视频监控、街区广播、消防烟感、古井监测等设施，开展智慧街区建设 | 项 | 1 | 1000 |
| 5 | 公共设施搬迁项目 | 公共配套、公共服务、环卫等基础设施建设以及打造公共空间、环境整治涉的搬迁 | 项 | 1 | 5800 |
| 6 | 公共设施完善工程 | 建设片区文化展示及公共服务设施用房、片区监控智能化机房、片区消防水箱及泵房；增设非机动车车棚、LED屏、宣传栏、岗亭，以及适老设施、无障碍设施、便民服务设施等 | 项 | 1 | 2500 |
| 7 | 环卫设施整治工程 | 对公共卫生间进行改造升级，增加垃圾分类收集等环卫设施 | 项 | 1 | 1000 |
| 8 | 市政设施整治提升工程 | 搬迁部分房屋 | m² | 300 | 1000 |
| | | 打通街坊内断头路，完善市政设施 | 项 | 1 | 1000 |
| 9 | 学士河新增桥梁工程 | 搬迁部分房屋 | m² | 450 | 1500 |
| | | 在学士河上增设 2 座桥梁，改造桥堍空间 | 项 | 1 | 500 |
| 10 | 电力增容、燃气等工程 | 搬迁部分房屋 | m² | 550 | 1800 |
| | | 在片区内新增配电房，实现电力增容；对有条件的街巷引入燃气管网 | 项 | 1 | 1500 |
| 合计 | | | | | 23502 |

◎ **案例特色**

**1. 积极探索了金融机构支持的操作路径**

探索了政府引导、企业主导、社会参与、居民联动的多渠道资金筹措模式，政府主要承担基础设施改造、环境整治、违章拆除、文保单位修缮、公房维修及部分老宅的搬迁修缮，目前已安排城建资金 5.62 亿元。明确了国资公司为改造实施主体，实施 32 号街坊保护与更新项目。更新公司以自筹资金形式投资 7.5 亿元，主要用于古建老宅、传统民居保护修缮工程。更新公司与国家开发银行苏州分行、中国银行姑苏支行分别签订借款合同，累计获得授信额度 57920 万元，融资期限为 20 年，累计提款 11056 万元。

**2. 积极探索了社会力量参与的运作模式**

统筹利用沿街商铺、街坊空地、闲置房产等资源，计划引入菜鸟裹裹驿站、丰巢、集中洗衣房、电瓶车充电等便民设施，通过资金注入、提供服务、提供设备等方式吸引社会力量参与，以市场化形式运作。2020 年，更新公司先后与菜鸟驿站、丰巢等快递服务公司对接，在 32 号街坊内初步选择快递点一处，提升末端综合物流服务品质；在现有康养机构颐家乐园的基础上，考虑在片区增加心理咨询室、洗衣房；2021 年实施老旧住区环境改善提升工程（一期），明确在盛家浜 15 号、富郎中巷 37 号增设电瓶车充电装置并按照市场化运营。鼓励现有停车场按照总体规划改造扩建，结合大体量物业改造增设停车位。

颐家乐园·道前苑：助餐点包含健身设备和多功能活动空间

街坊内畅园、陶氏宅园、曹沧洲祠等核心资源整修后发挥辐射作用，积极吸引社会资本开发、经营、管理，活化存量资源，完善服务配套，打造街坊文化品牌中心。古建老宅的活化利用，不仅是保留历史的记忆、文化的沉淀，更是文化精神的延续，更新公司在开发过程中积极引进社会力量共同参与，例如，曹沧洲祠根据其文化属性，引进苏州知名老字号雷允上，弘扬吴门医派精神的同时，植入中医坐堂、非遗体验、科教宣传等功能；畅园精品园林式酒店，积极探索国资、社会资本共同参与的新模式。

改造工作也带动了片区居民参与的积极性，剪金桥巷查宅、富郎中巷 27 号等业主纷纷建言献策，表达了融入整个片区开发的意愿；瓣莲巷裱画店、传统便民理发店、剪金桥巷便民衣服修改店，作为片区的"老字号"不仅深深扎根于此，更是"苏式生活体验"经典代表。在零星楼、传统民居的改造中，政府出资改造公区，做好自来水、排水管道改造，自来水公司同步投资开展管道更新，通信公司开展通信线路扩容等，提升片区基础设施服务水平。居民也纷纷自发参与改造，近两年，累计130 户居民对房屋进行修缮、装修，多数居民表示积极配合参与街巷整治，私房也能保证改造风格一致，大大提升片区的整体风貌。

### 3. 积极探索了文保资源整合利用的运作机制

针对片区的存量资源，更新公司进行了初步的摸底，并积极做了前期规划建议，亦与社会力量进行了积极探讨，15% 用于公建配套，完善公共服务设施。江苏省文保单位江苏按察使署旧址结合文化展示功能打造姑苏文件艺术中心；畅园打造园林会客厅，在充分保护好园林资源的同时面向公众开放，提高畅园养护水平；苏州市文保单位舒适旧居打造文化艺术精品酒店；洪钧祖宅片区依托按察使署，植入精品民宿、人才公寓功能；富郎中巷吴宅引入苏州基金；苏州市控制保护建筑曹沧洲祠打造成中医文化馆，发挥社区医院功能，让居民在家门口看中医、看名医；沈飚民故居用于周易研究会，清微道院引入婚庆策划等。畅园、陶氏宅园等古建老宅在活化利用的同时实现对公众开放。

### 4. 积极探索了公众参与的社会治理模式

为有效启动老宅修缮，消除危房隐患，改善群众居住条件，腾出改造空间，通过"协议搬迁为主，征收为辅"的模式，对搬迁意愿强烈的宅院，主要采取"三个百分百"方式开展协议搬迁。"三个百分百"模式，即指在建设单位划定的红线范围内，在一定的期限内，所有涉及的被搬迁户百分之百同意搬迁、百分之百签约、百分之百交房，则项目正式实施；如有一户不同意政策、不签约或者不交房，则项目结束，不再实施。

强化街道、社区党组织指导和监督职能，依托社区现有网格化管理模式，建立多元化畅通机制，听取民意，鼓励居民监督改造、参与改造、推动改造。在老旧住区更新改造工作启动前期，更新公司协同道前社区，结合网格巡查、居民走访、居

民大会、片区交流等，充分了解居民需求、听取居民建议，多次召开现场座谈会，大到重点片区功能定位，小到楼梯扶手形式和树种选择，充分听取居民意见，以满足居民生活需要为切入口，以提升居民生活质量为目标。

32 号街坊提升改造按照"全域旅游"全新理念进行，现有的街巷格局、空间肌理按照"最小干预、最多保留"原则，古建老宅修缮改造方面，遵循"以修为主"原则，杜绝"拆除重建"，在现有公众参与的基础上，积极引进社会志愿服务力量、历史情怀浓厚的原住民、院校智力参与进来，如建立益泉护井队。

**5. 积极探索了活化利用的新路径**

建筑的生命在于有效利用。针对历史街区、古建老宅的特性，推动区域内房屋产权盘活机制试点。片区内住宅建筑面积约 12.55 万 $m^2$，目前已由国资公司完成约 1.7 万 $m^2$ 建筑的协议搬迁，涉及居民 359 户。针对修缮改造实行分类：一是对古建老宅按照《中国文保古迹保护准则》的要求进行修缮保护，主要用于文化、旅游或公共服务事业，以及完善片区服务功能。二是对已列入居民协议搬迁计划，且符合苏州传统风貌要求的传统民居，采取微更新和翻建相结合的方式进行改造。三是将街坊内公房纳入公房维修计划，按照片区改造的总体要求和计划实施。四是引导、动员街坊内企事业单位、居民结合街坊更新改造自行开展修缮，引导产权人按照整体风貌及标准实施改造。组建更新改造专家团队，积极推动片区规划师、设计师、工程师进驻社区，辅导居民有效参与老旧住区更新改造。在现有的保护法律体系下，探索健全制度、审批体系，以推动形成一套完整适用的管理和监管机制，真正让古建老宅"活"起来。通过整合不同主体资源，按照"整体策划、统一招商、分期交付、一体运营"的模式创新了不同主体间合作模式，为有效活化分散老宅探索路径。

◎ **实践成效**

**1. 人居环境改善**

结合 32 号街坊实际，计划搬迁 25000$m^2$，完成约 600 户居民腾迁，约占传统民居内居民总数的 1/2。根据项目资金来源和房屋改造修缮计划，分批分期启动协议搬迁。在其他国资公司完成收储 4620.82$m^2$ 的基础上，2019—2021 年间，32 号街坊内先后实施三批搬迁工作，累计完成 66 处宅院协议搬迁，涉及居民 359 户，总建筑面积约 1.7 万 $m^2$。

2020年姑苏区实事项目架空线整治和入地工程启动，32号街坊共涉及23条街巷，截至2020年4月，已完成17条街巷的强弱电通道建设和市政道路恢复，正在进行5条街巷的施工。

2021年，32号街坊老旧住区环境改善提升工程列入市、区城建资金计划，预算2.35亿元，用于老旧小区及零星楼环境改善提升、传统民居环境改善提升、街巷综合整治、智慧街区建设、公共设施搬迁、公共设施完善、环卫设施整治、市政设施整治提升、学士河新增桥梁、电力增容、燃气等十个项目。其中，老旧小区及零星楼环境改善提升工程、传统民居环境改善提升工程、街巷综合整治工程已完成前期手续办理，分别于5月、6月正式进场施工。

### 2. 人群结构变化

32号街坊传统民居内老人、青少年居多，但是现状缺少公共活动空间，老人没有休憩场所，青少年没有活动设施，虽然有小游园、织里苑等口袋公园，但是缺乏活动设施和物业管理，利用率较低。在改造计划中，拟新增活动区域和景观绿化，配备健身器材和休憩座椅等，增加适老、无障碍设施，提升片区人气。

街坊内有6处宅院纳入城市更新试点，其中富郎中巷30号、34号将保留住宅功能，在满足现行国家和地方设计标准和规范的基础上打造高品质院墅，通过增设植物种植、盆景、庭院地坪等，整理庭院空间，采用园林化布局，使其具有浓厚的老苏州传统韵味，充满江南园林式的意趣。更新传统民居，融合苏式建筑和现代科技，吸引对古城有情怀的人群回归姑苏，改善居民结构。

### 3. 投资就业带动

32号街坊活化利用积极引入相关文化、传媒、数字等产业，吸引年轻创业者和从业者的加入；街坊内酒店项目、人才公寓项目可以适时解决社区内一部分人的就业问题，其住宅的活化利用亦可融入整个项目的更新，从而给其带来租金等收益。街区后期形成规模后，更新公司将积极尝试与社区居民共建，除了穿插互动活动、

口袋公园　　　　　　　　　　　　　　　　阅读空间

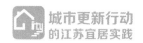

关怀社区活动不便人士和老年人外，充分发挥社区当地居民"活地图""传播者"的积极作用。社区内有特殊手艺的从业者，如瓣莲巷裱画店、传统便民理发店、剪金桥巷便民衣服修改店等片区"老字号"，可以有更好的发挥空间和更广阔的发展前景。目前，更新公司与万科签署合作协议，引入"有熊"品牌，打造精品园林酒店，总规划面积约 4400m$^2$，计划先行投资 1800 万元，预计 2022 年 5 月一期开业。

### 4. 城市活力激发

32 号街坊的社区综合体、助餐点完备，2021 年新增城市书房、社区医院等，服务居民，提升街区品质。在盛家浜利用闲置房屋，打造 24 小时有声阅读空间，作为城市书房，共享改造成果；在瓣莲巷引入雷允上，打造中医文化馆，提供问诊服务，发挥社区医院功能。32 号街坊明确整体定位为"国际文化艺术交流中心，古城苏式生活体验街区"，根据城市设计，拟打造剪金桥巷文化艺术步行街，在满足住区需求的同时，街区也在向商区、景区看齐，服务设施的数量和质量均将提高。街区计划打造艺术中心 1 处、特色街巷 2 处，引入品牌，导入流量，激发街区整体活力，充分挖掘 32 号街坊的发展潜力。

**大家声音**

居民陆奶奶："老街坊中新增的休闲桌椅、晾衣架等便民设施给老人带来很大帮助，而且经常有人打扫，原本晾晒不方便的问题解决了，还能在空闲时间下棋、聊天，增加邻里间的感情。"

剪金桥巷民宿商家："完工后更漂亮了，周边环境也更干净了，施工人员也非常认真负责。我们的居住品质提升了，感谢大家的付出！"

参与改造的设计师王工："开放式街区改造是一个新课题，在改造前我们探索改造路径和改造方法，在项目推进中体会到老街坊改造的必要性，是改善民生的切实之举。"

供稿：**王香治** | 苏州历史文化名城保护与更新置业有限公司，总经理、高级工程师

# 零散小区连片改造与管理：盐城市酒厂片区

**用地面积：** 4.245 万 m²
**建筑面积：** 5.92 万 m²
**建成年代：** 1995—2002 年
**房屋产权类型：** 单位房改房
**人口情况：** 572 户，1430 人
**基层治理情况：** 社区 1 个，小区 8 个，其中改造前无物业小区 8 个
**更新实施时间：** 2020—2021 年

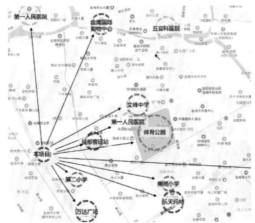

**地点**
盐城市盐都区，西环路以东、大庆西路以南、
前中北路以西

◎ 基本情况

　　酒厂片区位于盐城市区大庆路以南、西环路以东、东升居委会前中北路以西、前中北路二巷以北地段，建于1995—2002年，涉及酒厂、鞋厂等8个微型老旧小区，共有18幢5~7层的宿舍楼，总占地4.2452万 m²，总建筑面积5.92万 m²，共有居民572户、1430人。各小区由院墙分隔，空间利用效率低；道路等级模糊，交通不成体系；缺乏社区服务设施、停车场地、绿地、活动场地等；共有13个出入口，各自为政，管理困难。片区建筑密度较大、人口集聚度高，但是缺乏基层社区服务设施。

　　为顺应人民群众对美好环境与幸福生活的新期待，改善城乡人居环境，提升人民群众的获得感、幸福感、安全感，打造共建共治共享的社会治理格局，酒厂片区以优化城市人居环境、提高居住品质为目标，把开展老旧住宅小区综合整治作为重点工作，以整治群众反映强烈的薄弱地段"脏乱差"为突破口，加快配套完善城市基础设施、适老宜居、增设电梯等内容，力争改造后小区美丽宜居，成为老旧小区改造的示范。

　　具体改造内容如下：①拆除围墙，调整零星非机动车车棚，拆除违建，打通消防通道，规范出入口管理，提升住区安全；②对市政设施常态化安全排查，实行雨污分流及杆线下地，完善各类配套设施；③梳理住区绿化，打造小区景观节点，对建筑外立面及屋面出新，公共部位门窗出新，道路黑化，增加住区停车位，改造非机动车棚，提升住区环境品质；④新建社区综合体，布置适老化设施和户外健身活动场地，进行无障碍化全覆盖改造，完善各类标识标牌及宣传设施；⑤规范住区物业管理，实现管理有序、共建共治。

◎ 案例特色

**1. 形成共同意识，共整老旧小区**

　　2019年12月，盐都区成立共同缔造工作领导小组，推动酒厂片区老旧小区改造项目有序实施。项目改造形成五个"统一"共识：边界围墙统一打通、配套设施统一完善、停车库房统一拆除、建筑立面统一出新、物业管理统一自治。针对老旧小区都是政府机关、企事业单位原有的职工宿舍楼，盐都区政府按照业主共谋、单位帮扶的共建模式，在拆除违章建筑、改建晾衣架等老大难问题上，实行单位帮拆、包干，在短时间内解决拆违难、改造难的问题。

宣传发动达共识

东大门整合改造前后

屋面改造前后

绿化改造前后

道路整改前后

休闲场地整治前后

改造后统一配建的公共设施

**2. 实施共同行动，共建完整社区**

盐都区、潘黄街道、东升社区三级联动，通过入户调查、座谈走访，充分尊重社情民意，共同实施整治方案。

（1）攻难关拆违建。群众原有住宅及车库面积小，空间不够就抢占空闲地违章搭建，针对此严重现象，社区工作人员积极上门进行宣传，发动先进群众做群众工作，并实行"车库统一建设，拆一还一，统一安装充电桩"政策，消除群众顾虑，有效解决违章搭建问题，共拆除 20 余处近 700m² 地面违章建筑。方案的谋划和居民的反馈是这次老旧小区整治成功的关键，在整治前，社区花了近半年的时间对设计方案征求意见，召开业主座谈会，对业主关心的车库拆除的赔偿置换、防盗窗的凸改平和晾衣架的统一等问题反复商讨，做了大量的宣传工作。

对于原有的废旧地，根据产权的性质，通过回购等方式，拓展道路，增设活动体育场地、机动车停车场，新建市民活动中心；通过拆除低矮建筑物重新规划建设多层车库，打通消防通道，拆除围墙，资源共享。为小区居民拓宽了视野，置换了空间。

违建拆除前后

非机动车立体停车库改造前后

（2）增合力改水电。该改造项目争取到第二批保障性安居工程（老旧小区改造项目）中央预算内投资 3000 万元，潘黄街道配套资金 3000 万元。另外，项目推进过程中，还得到市自来水厂、供电公司、移动等企业的支持。

针对老旧小区整治以往改面不改内、重地上不重视地下的情况，重点对老旧自来水管道破损、滴漏的情况，争取市自来水公司的自来水改造财政支持，免费改造原有自来水主管道约 300m，一举两得地解决了原有自来水滴漏浪费的问题。供电公司负责供电桩头的免费设计施工，区政府负责地下管沟的施工，并按照一户一表的模式在居民车位安装电瓶，共同解决高压电杆入地和飞线入户充电的问题。多次召开通信和广电单位共建会议，按照产权责任，实行共沟分户的原则各自施工。

电力管道改造中

自来水管道改造中

变压器改造前后

（3）聚民智装电梯。采取"财政奖一点、地方补一点、居民出一点"的办法，每加装一部电梯，市、区财政按照5层楼共补贴8万、6层楼共补贴10万，街道又补贴10万，余下的按照业主自定品牌和自签合同的原则，协商分摊，原则上2楼以下不得利也不出资。引导居民在既有房屋增设电梯，打造适老宜居、行走便捷的居住环境。目前已加装11部电梯，另有5部电梯已通过规划审批，即将施工。

电梯加装前后

### 3. 发扬共同精神，共管和谐片区

（1）坚持党建引领。加强资源集聚、优势互补，探索党组织下"共建、共治、共享"的城市建设和社会治理创新之路，问计于民、服务于民，选出楼道长，动员居民参与其中，主动为小区建设出谋划策、做帮工，形成上下联动，有机衔接，有序推进老旧小区整治及后期的自治管理。

（2）推进共建共管。推动管理治理模式从"靠社区管"向"自治共管"转变。建立健全"红色物业"机制，完善小区后续自治管理，解决改造后期管理难题，避免因管理缺失、无序而造成改造成效不能持续。

（3）优化公共服务。利用社区空置土地建设约 3000m² 党群服务中心，配备养老服务、党群活动室、社区网格化工作站、社区卫生室、社区文娱活动室、业委会及物业办公室等，增强社区服务功能；利用拆除违建、围墙等腾出的空间建设公共活动场所，因地制宜地布置城市家具，设置休憩廊架及步道，供居民日常休闲交流；提供健身器械，供居民使用；增设快递投放集中点，方便群众收取快件。

党群服务中心

休憩廊架

## ◎ 实践成效

### 1. 人居环境改善

拆除 8 个小区之间原有围墙 300m 和地面违章搭建 20 余处近 700m²，新建社区综合体 3000m²，雨污分流 6166m，架空管线入地 9600m，道路出新 13500m²，新增景观绿化 2690m²，节点提升 5 处，建筑外立面改造 59200m²，内墙墙面出新 45000m²，屋面出新改造 18 栋 9000m²，健身活动场地改造 342m²，修缮楼梯扶手 1500m，修缮公共部位门窗 800m²，改善消防应急通道 800m，增补车位、增设充电桩 144 个，新增非机动车车棚并增设充电设施 2 个，新建非机动车停车楼 568m²，出入口出新 3 处，

增设门禁系统 3 套、监控系统 1 套、监控探头 16 个，增设垃圾分类箱、智能垃圾回收点共 16 处，增设无障碍通道设施 1 项，整修市政配套设施、照明设施若干，增设宣传栏、标识牌、导览牌、楼号牌共 450 余块，加装电梯 11 部。

### 2. 人群结构变化

原来 8 个老旧小区因居住环境差，车辆进出不方便，有的年轻人工作单位在附近，本应就近在市二小上学的家庭，却也舍近求远住在别处；因此，片区居住以老年人为主，租房对象也以经济承受能力有限的务工人员为主。经改造后，工作单位在附近的、就近上学的，都陆续回来居住了，据不完全统计，年轻人回归居住的比例提高了 30%，租房也逐步得到机关、事业单位的年轻人及企业白领人员的青睐。

### 3. 投资就业带动

该片区综合整治投资 6000 万元左右，近 200 人参与整治，历时近 10 个月。改造后，社区增加了养老服务，吸引了一些社会养老、家政机构开设服务。据不完全统计，目前已有 10 余家到社区开展宣传、业务联系工作；社区成立红色物业服务机构，吸纳社会、社区群众近 50 人就业；快递业务从以往近乎是零，现在每天都有近百件。

### 4. 城市活力激发

该片区都是老旧小区，过去面貌破旧，居住群众为老年人居多，快递机构都不愿在小区设置收取点，更谈不上智能化的集中收取柜。经改造后，现在不但快递机构主动上门设置智能化的快递集中收取柜，垃圾分类企业也开设了智能化收集柜开展垃圾分类业务。

#### 大家声音

老党员卞爷爷："临时党支部的成立激励了居民参与小区改造的积极性，看着小区肉眼可见的变化，我们的日子就更有盼头。"

卞先生："现在附近 18 栋楼全部一个色，楼顶和原来过道的违建都拆了，小区清爽多了！"

王阿姨："住进小区 20 年，一直没有像样的路灯，晚上行走都靠摸索，现在能在小区穿着美美的皮鞋跳跳广场舞。"

蒋奶奶："以前小区没人管，环境差，现在不仅有保安，还有保洁，住着舒心多了，感谢共产党，感谢政府。"

李女士："小区整改后，小朋友在小区里玩有了安全保障，服务中心也有了小朋友一起看书学习的地方，我们家长非常放心。"

供稿：**徐文才** | 盐城市盐都区住房和城乡建设局，党委书记、局长

# 小微空间资源挖掘与错时共享：扬州市锦旺苑小区

**用地面积：** 3.92 万 m²
**建成年代：** 1998 年
**人口情况：** 552 户
**更新实施时间：** 2018—2019 年

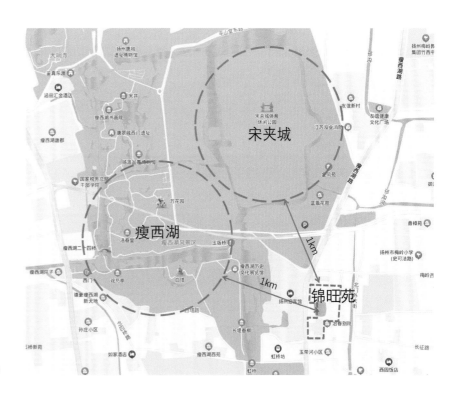

**地点**
扬州市蜀冈—瘦西湖景区梅岭街道友谊路 37 号

◎ **基本情况**

锦旺苑位于瘦西湖路 95 号，建成于 1998 年，共计 19 幢 552 户。由于建成年代较长，基础设施普遍老化，管道堵塞、停车难等问题日益凸显，原有的配套功能远远不能满足居民生活的需求，居民对小区改造诉求强烈。

2018 年，随着省、市宜居住区政策出台，扬州市蜀冈—瘦西湖风景名胜区管委会投资 440 万元对锦旺苑北区 1~8 幢约 2 万 m² 进行改造，项目涉及加装电梯管网布置、地下管网雨污分流、绿化调整、增设停车位（共享停车）、加装电梯、垃圾分类、池塘整治等。

2019 年，景区对锦旺苑 9~19 幢约 1.9 万 m² 进行二期改造。主要改造项目为新建混凝土路面、新建雨污水分流管道、绿化修剪及景观提升、楼梯间粉刷出新等，工程总投资额约 450 万元。

◎ **案例特色**

**1. 以聚焦民意导向贯穿改造全程**

老旧小区改造涉及的项目和小区居民息息相关，为最大限度地满足居民需求，改造前，网格长通过入户走访、座谈会、调查问卷等多种方式广泛收集居民对提高生活质量、消除老旧隐患、创造优美环境、完善小区功能等方面的意见和建议；针对社区环境绿化杂乱、建筑表面陈旧、路面不平整、养老设施不完备等情况，最终确定了楼宇外立面出新、原有花池拆除增加廊架并设置休闲座椅、池塘破损栏杆更换、无障碍设施增加等改造方案。方案确定后，通过楼道公示栏、社区宣传栏、微信群等多种方式公示，提高群众知晓度；施工过程中，每周定期召开工程联席会议，并邀请居民监督员参会，及时反馈问题；改造工程结束后，邀请居民代表参与现场验收。通过将民意需求贯穿改造全过程，营造了群众了解、支持、参与和监督民生工程建设的良好氛围。

**2. 以统筹布局规划完善基础设施**

2018 年，锦旺苑一期 1~8 幢率先进行改造。超前谋划预留加装电梯管线，统筹规划地下管网、地面道路、楼幢立面等，将小区硬件设施进行了全面升级。改造后的地下管网实现了雨污分流，道路平整畅通，还增加了室外老年休息场地。

考虑到老旧小区安装电梯的需求，改造过程中，锦旺社区积极协调燃气、自来水、通信、供电等职能部门优化方案，在地下管网改造、强弱电入地的过程中进行管线改道，在单元楼道入口处预留电梯井位置，为今后全面加装电梯提供了便利，避免二次开挖。

2019 年，二期改造以强弱电线归整序化、原有停车位进行改建或重新划线，打通小区"生命通道"、优化小区绿化景观布局等为重点，使老旧小区焕发新活力。同时，结合小区改造，通过去草坪、去灌木、留大树，增加 30 余个生态停车位。

### 3. 以资源错时共享实现多方共赢

锦旺苑地处瘦西湖核心景区周边，周末、节假日游客众多，停车位供需矛盾一直无法解决。为了贯彻落实扬州文明有礼二十四条"主动给外地车辆让路让车位"，锦旺苑在全市率先推出小区"共享车位"试点。

小区私家车主在自己不停车时段将车位进行共享，利用"智慧警务"等前沿科技，开发服务程序、微信平台等精准匹配停车资源，游客可通过小程序实时了解空闲空位情况并进行预约，小区出入口的智慧停车设备会自动识别车牌开杆放行，通过物联网的技术撬动闲置资源，实现停车位社会资源的高效配置，有效缓解景区周边停车难问题。目前，锦旺苑小区共有 30 个"共享车位"，累计提供服务 287 次。"共享车位"取得的停车收益，由业主和物业按照比例分成，真正实现共治共享。

管道改造

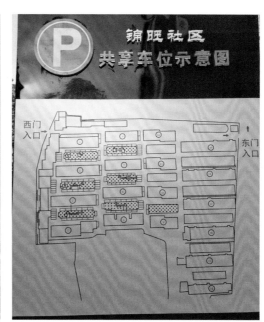

共享车位示意图

#### 4. 以推行居民自治破解改造难题

锦旺苑高龄、空巢老人占比大，既有住宅加装电梯政策出台后，锦旺苑小区1幢居民要求加装电梯的意愿强烈。然而，由于加装电梯涉及房屋安全鉴定、住宅结构调整、资金筹集、工程审批、安全监督、运营管理等大量复杂问题，实际操作困难重重。为此，社区自治骨干主动作为，挨家挨户上门宣传政策、消除顾虑，同时以"悦月谈"居民议事会为平台，前后召开协调会议20余次，集思广益研究加装电梯费用分摊、后期维保方案等，努力破解过程中的难题，以较短时间、较高效率推进了加装电梯进程，最终加装电梯于2019年1月建成投入使用。

既有住宅加装电梯关乎群众的切身利益、生活质量和幸福指数，是实实在在的民生工程。通过加装电梯实现楼院环境设施"硬实力"和宜居品质"软实力"双提升，是居民自治发挥优势的有力体现和参与基层治理的生动诠释。

#### 5. 以综合施治手段提升水体质量

锦旺池塘为天然形成，位于小区内部，由于是死水且接入了部分小区污水管网，淤泥多年未清，池塘水体长期呈现黑色。借助小区改造，结合"263"专项行动，通过引入专业机构对水质进行分析，制定科学水环境修复方案，投放底质改良剂等方式对池塘进行综合整治，彻底解决了黑臭水体的问题。

同时成立了由网格长、物业、党员、志愿者组成的"护河使者环保志愿队"，常态化对池塘周边进行巡查，及时制止乱倒污水、乱扔垃圾等现象，对废弃饮料瓶、塑料袋、烟头纸屑等及时清理。通过"专业治理+志愿服务"的管理模式，努力为优化水生态贡献力量，保障治理长效。

池塘整治前后

### 6. 以强化多元融合彰显特色亮点

结合老旧小区改造，锦旺社区以党建为引领，探索实行"五心工作法"，以"决心"提升硬件实力，"热心"引导居民自治，"细心"营造宣传氛围，"耐心"拓展活动形式，"贴心"推动共建共享为标准，逐步提高垃圾分类的社会参与度和精准投放率。

通过积极引入社会组织和第三方机构关注和参与垃圾分类管理实践，加强"三社联动"，率先实行"垃圾四分类"及"定时定点分类回收"，引进智能"小黄狗"，建立与分类品种相配套的收运体系、与再生资源利用相协调的回收体系，保证管理精细化。同时开办"道德银行"，对居民自觉进行垃圾分类的行为积分，积分作为道德资产成为居民争先评优的重要依据，也可兑换实物或换取服务。

另外，为缓解服务用房紧缺的问题，锦旺社区立足小区实际条件，按照"资金众筹、场地兼用、人员兼职、服务联办"的思路，通过回租物业用房，在锦旺苑西门打造了居民会客厅、科普文化厅等老年活动颐养驿站，常态化开展健康科普、文明实践等活动；通过对原有餐厅的环境提升及设施改善，打造了银发膳食厅，嫁接老年人送餐助餐服务，丰富社区服务供给，显著提升了居民的获得感和幸福指数。

垃圾分类宣传

"小黄狗"智能垃圾分类回收机

文化休闲厅

社区家庭医生在幸福颐养驿站为老人量血压

◎ 实践成效

### 1. 人居环境改善

锦旺苑小区改造聚焦居民实际需求"补短板",改造后硬化小区主干道路面约 1.5 万 m²,提升景观绿化近 2000m²,更换落水管道 4000m,增设停车位 60 个,加装电梯 2 部,安装楼梯转角休息座椅 102 个,安装调试路灯 7 盏、监控 24 个。改造后的小区道路由"洼"到"平",管线由"乱"到"齐",环境由"差"到"美",配套设施由"粗"到"精",既有因地制宜的"改",又有提质升级的"造",实现了老旧小区"环境整洁、配套完善、管理到位、群众满意"的总体目标,用看得见、摸得着的改造成果温暖了居民的心。

小区道路改造前后

小区景观改造前后

小区停车位改造前后

小区垃圾箱改造前后

### 2. 城市活力激发

锦旺苑改造不仅改造硬设施，还着力提升软服务。公共服务用房的改造吸引了一批外部优秀团队的到来，扬剧、越剧、古筝、摄影、舞蹈、合唱等课堂丰富多彩，确保了小区内"月月有主题、周周有安排、天天有活动"，进一步扩大了社区服务的影响力和覆盖面，提升了小区及周边地区的活力。

### 3. 社会治理提升

改造过程中，通过充分调动、有效引导，居民从"看客"变"主人"，从"漠不关心"到"事事操心"，参与社会治理的积极性和主动性不断增强，实现了"要我改"到"我要改"的良性转变。小区环境改善后，居民更加追求有序的社区秩序、融洽的邻里关系，逐步实现"小区环境改变—居民素质提升—城市文明程度提高"的良性循环。

老年活动场所　　　　　　　　　古筝课堂

摄影课堂　　　　　　　　　学习教育活动

**大家声音**

　　《我市试点小区"共享车位"》一文："无论是对饱受停车困扰的市民游客，还是对共享出车位的小区业主，这都是一种互惠互利的创新模式。"——《扬州日报》

　　《垃圾四分类"道德银行"积分兑换 省"263"办关注扬州社区垃圾分类》一文："融决心、热心、细心、耐心、贴心于一体，在垃圾'小分类'这一环节，创造了一套景区乃至全扬州的崭新模式。"——《扬州晚报》

　　锦旺苑居民："老旧小区改造纷繁复杂，很多都是历史遗留问题，因此诉求不一样、意见不统一必然是客观存在的现象。社区听取多方需求，引导居民充分参与，最大限度破解'众口难调'的问题，真正改到了我们的心坎上。"

　　锦旺物业："老旧小区改造完成了从'有的住'到'住得好'的转变，是让居民充分实现获得感的重要途径。作为'红色物业管家'，我们将不断跟进各项服务，完善长效管理机制，确保小区改造不仅是对'颜值'的提升，更是'内涵'层面的升级。"

供稿：**姚义龙** | 扬州市蜀冈—瘦西湖景区梅岭街道，党工委副书记、办事处主任

# 自选清单及自愿出资改造：常熟市甬江西路片区

**用地面积：** 10.69 万 m²
**建筑面积：** 11.19 万 m²
**建成年代：** 1993—1998 年
**房屋产权类型：** 商品房
**人口情况：** 1189 户，2972 人，其中 60 岁以上人口占比 40%
**更新实施时间：** 2016—2020 年

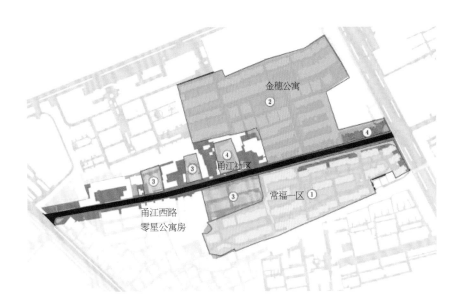

**地点**
苏州市常熟市甬江西路

◎ 基本情况

甬江西路片区小区建设年代久远，长期缺乏专业管理，周边环境、房屋主体、市政道路等现状条件较差，居民迫切希望提升小区居住条件。由于甬江西路小区较多，规模较大，自2016年起至2020年，分阶段逐步实施老旧小区改造，常福一区教工住宅于2016年完成改造，金穗公寓于2019年完成改造，甬江西路8幢零星公寓房改造项目于2020年完成改造，甬江西路片区提升项目于2020年完成改造。项目改造重点是保障安全和完善环境、市政等配套设施，具体包括：屋面修理、房屋外墙立面整饰、更换房屋破损落水管、楼道内墙整饰、道路基础设施改造、雨水管道改造、弱电线路入地、自来水管道改造、天然气管道铺设、增设汽车泊位、绿化整治、路灯改造、增设邮政信报箱、增设幢号牌等，从而打造出满足居民日常需求的良好的人居环境。

2019年，苏州列入全国城镇老旧小区改造试点城市，常熟市甬江西路片区是16个改造试点项目之一。

项目总投资5546万元，包括：①常福一区教工住宅改造项目，涉及房屋15幢，建筑面积3.91万 m²，居民550户，投资1804万元；②金穗公寓改造项目，涉及房屋33幢，建筑面积5.93万 m²，居民479户，投资2642万元；③甬江西路8幢零星公寓房改造项目，涉及房屋8幢，建筑面积1.35万 m²，居民160户，投资800万元；④甬江西路片区提升项目，包括沿街店面、房屋及甬江社区提升整治，投资300万元。

◎ 案例特色

1. 群众活力激发

"群众的事群众商量，大家的事人人参与"，在甬江西路片区的老旧小区改造全过程中，着重发挥基层群众和社会组织的主体作用，在宣传动员、意见征集、方案制定、结果评价等各个环节，建立起"自下而上"的沟通机制。

充分发挥基层党组织战斗堡垒和党员先锋模范作用，成立常熟市第一批小区党支部，利用展板、公众号及新闻媒体，向社会各界广泛宣传试点工作意义，实现居民从"要我改"到"我要改"的转变。

改造前公示改造方案、分发告知书

改造前召开居民座谈会

改造中设立居民意见箱

改造后发放居民满意度调查表

成立小区党支部和自治小组

金穗公寓党建支部活动点——虞家会客厅

**2. 分类清单，多元筹资**

根据《国务院办公厅关于全面推进城镇老旧小区改造工作的指导意见》（国办发〔2020〕23号）文件精神，结合老旧小区改造工作经验及实际情况，按照"谁受益谁出资"的政策设计思路，常熟市创新性提出了以"基本清单"为基础、以"提升清单"为补充、以"自选清单"为自愿的老旧小区改造"三张清单"。

（1）基本清单

完善小区安全设施：完善消防安全设施，畅通消防通道。完善居住安全设施：增设管道天然气，完善水、电配套设施，完善路灯系统，整修破旧道路，消除积水区域，整修破损屋面。完善治安安全设施：增设治安技防，增设秩序管护、无障碍设施。完善环境安全设施：完善环卫设施，推进雨污分流，收集生活污水。提升小区容貌：补植缺失绿化，梳理归并架空线缆，清理废旧、私拉线杆，规范临街立面，整修破损墙面和楼道门窗。

（2）提升清单

强化便民服务：对有条件的小区，因地制宜整治闲置地块，增设停车场所、电瓶车充电设施，配建管理用房和快递用房，实施综合执法整治。

（3）自选清单

满足居民个性化需求，由街道牵头协调，居民筹资，承担相应费用，自选清单明细每年公布更新。

对于自选清单项目，每户居民自愿出资，政府统一施工，满足各个小区、居民的个性化需求。以坡顶屋面翻新为例，居民承担施工材料、人工等费用，住建局免费提供脚手架、工程监理、造价控制等服务，既节省了居民经费，又保证了施工质量。据统计，涉及的151户居民共出资269万元。此外，收集居民合理需求，逐年扩充自选清单内容，将外墙污水管重排、车库门更换、居民自家门窗更换、车库接电等也一并纳入自选清单，使居民在改造中得到便利优惠的高品质改造服务，因此受到了居民的广泛欢迎。

自选清单明细及申请表

居民申请出资翻新屋面

翻新屋面

屋面翻新后

同时,通过与管线运营单位对口谈判、签订改造奖补合同等方式,引导供电、供水、弱电及物业企业等社会力量出资参与提升公共设施的改造。物业公司出资 15 万元增设出入口门禁、快递柜、道路交通标识等设施,据统计,各单位共出资约 145 万元。

### 3. 自主管理,建立长效机制

改造结束后,常熟市住房和城乡建设局联合相关部门,通过征求民意、广泛宣传、组织座谈会等方式,引导社区、业委会、物业公司"三力"协同推进小区治理。经协商,金穗公寓物业费由原 0.25 元 /m² · 月提升至 0.55 元 /m² · 月。物业公司除了硬件投入外,也加强了人员队伍,提高软件管理水平,居民满意了,缴纳意愿也高了,收缴比例达到 95%,远高于周边其他小区水平,为长效管理打下了基础。

小区墙面美化

加强安保工作

### 4. 充分挖潜,整合空间资源

在征求居民意见后,在改造中尽可能平衡停车与活动需求。通过拆除违章建筑、调整通道及绿化、挖掘零星空地等方式,因地制宜整治闲置地块,提高小区结合地带土地资源的利用率,整合小区用地、房屋资源用于公共服务设施、停车设施、绿地等配套设施建设。

新增停车位

新增健身设施

◎ **实践成效**

### 1. 人居环境改善

经过四年的老旧小区改造，截至 2020 年底，甬江西路片区的人居环境、居民生活质量得到极大提升：小区配备完善的消防安全设施和畅通的消防通道；房屋屋面、外立面焕然一新；配备管道天然气及完善的水、电配套设施；配备完善的路灯系统；道路得到整新，实现雨污分流；配备完善的治安安全设施；增设秩序管护、无障碍设施；配备完善的垃圾分类等环卫设施；绿化得到补植；小区线杆、线缆得到整理；增设停车场所、电瓶车充电设施等。经过整治，小区面貌焕然一新。小区原先最大的停车难问题经过改造得到解决，停车位配比由原来的 1：0.05 提高到 1：0.4。

甬江西路片区全貌

小区整体改造前后

道路改造前后

房屋改造前后

游园改造前后

天然气管道铺设　　　　　　　　　　　　弱电管网入地

　　依托小区物业公司和社区，小区已实现常态化的老年人助餐、助浴、家政等服务，还有为居民提供的定期医疗建档及体检、巡诊、紧急救助服务。

日间照料中心　　　　　　　　　　　　社区服务中心内部

亲子培训中心　　　　　　　　　　　　免费体检活动

### 2. 人群结构变化

甬江西路片区作为老旧小区，原先老年人口比例较高，改造后，由于人居环境提升及区位优势，得到中青年家庭的青睐，青年、中年人口比例均提升了 10% 左右。

### 3. 投资就业带动

甬江西路片区改造总投入达到 5546 万元，直接带动就业人数 200 人。另外，常熟市住房和城乡建设局联合街道、物业公司，通过老旧小区改造宣传，提升居民市场化有偿物业服务意识，物业收缴率提升至 95%，显著高于周边小区 25 个百分点。甬江西路片区中金穗公寓于 2020 年获得苏州市市级示范物业管理项目，于 2021 年创建了省级宜居示范居住区。

**大家声音**

---

小区业主："以前屋面年久失修漏雨，没有渠道找人维修。政府进行老旧小区改造时，我自愿出资 2 万元翻新了屋面，最后还退了几百块。这个价格不贵，现在房屋比以前好多了。"

小区物业公司："因为居住环境变好了，居民开始自觉维护小区内设备设施，大家的环境意识变强了，小区也更加方便管理维护了。"

---

供稿：**钱建平** | 常熟市住房和城乡建设局，党委书记，局长；常熟市人防办，主任

# 多方资金共担激发改造活力：新沂市新华小区

**用地面积**：3.8 万 m²
**建筑面积**：8 万 m²
**建成年代**：20 世纪 90 年代
**房屋产权类型**：宿舍楼、商品房
**人口情况**：896 户
**基层治理情况**：社区治理
**更新实施时间**：2020 年 3 月—11 月

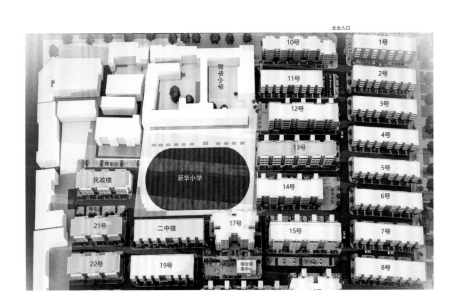

**地点**
徐州市新沂市建邺路 43 号

◎ 基本情况

新华小区建于20世纪90年代，共25栋楼，为4~8层砖混结构楼房，总建筑面积约8万 m²，有896户居民，是新沂市最老旧的小区之一，存在基础设施陈旧、雨季内涝严重、污水外溢、监控路灯缺失、消防通道堵塞、停车位不足、违章建筑较多等问题，严重影响居民日常生活。该老旧小区改造工程于2020年3月底实施，11月底竣工。

◎ 案例特色

### 1. 问需于民，搭建沟通议事平台

利用智慧社区管理服务平台，召开由居民代表、人大代表、政协委员、改造领导小组成员单位参加的座谈会，通过社区网格员主动上门等线上线下方式，在改造前广泛收集社情民意，了解居民需求，着力解决小区居民"急难愁盼"的热点问题。充分发挥街道社区属地作用，利用网格员进行民意疏导，及时化解改造矛盾纠纷，把意见征集做实做细并贯穿工作始终，构建"纵向到底、横向到边、协商共治"的社区治理体系。先后收集关于外立面出新、地下管网改造、公共空间治理、屋面防水修缮、管线入地等意见建议两千余条，优化方案26处，使改造更贴近民心。

意见征求表

线上意见征询平台

改造前意见征求

### 2. 抢抓政策红利，积极申请各级补助资金

2020 年申请到中央、省级补助、"三供一业"资金共 3745 万元，占项目总投资 48%。其中中央补助资金 620 万元，省级补助资金 125 万元，"三供一业"专项资金 3000 万元。为老旧小区改造工作提供了坚实的资金保障。

### 3. 引入社会资本，布局智慧社区

引入新沂市农村商业银行金融资本 200 万，进行智能化设施设备改造。已免费加装建设充电车棚 26 个、电动自行车充电设备 210 个、车辆道闸 1 个、监控设备 70 个。

### 4. 部门协作，合力推进实施

针对改造前期调研中梳理出来涉及供水、供电、供气、通信线路、油烟排放、消防通道占用等问题，根据序时进度及时召开相关部门协调会议，落实责任主体，进行资源整合，齐抓共管确保改造项目快速有序推进。

### 5. 回应民需，加装公益电梯

针对该小区老年群体多、出行不方便这一情况，主动回应民需，引入第三方合作机构，在徐州各县（市、区）内率先实现老旧小区改造项目电梯加装。老旧小区加装电梯要考虑三点：①产品本身质量；②安装质量；③后期使用效果和费用支出。从这三点出发，经过对比企业规模、信用程度、业绩成效等方面确定企业资质，最终与北京富通孝宇房地产开发有限公司达成合作，后期按"谁受益、谁交费"的原则，通过出让电梯广告收益的运作模式维持电梯运作成本，赢得了一致好评。

| 加装电梯施工中 | 加装电梯后 |

### 6. 盘活资源，打造完整社区

结合公共空间治理行动，公平公正拆除封闭式违建，利用拆违空地和存量资源，改扩建机动车停车场、开放式庭院，增设物业用房、老年活动中心、室外活动场地，安装技防安防设施，全面提升小区配套服务，改善生活环境，打造5分钟生活圈，提升居民居住舒适度，实现从"住有所居"到"住有宜居"。

违建拆除前

违建拆除后，成为小花园

新增休闲健身场地

### 7. 党建引领，实现长效治理

一是充分发挥基层党组织在住宅小区物业管理中的引领作用，加强嵌入式党建工作，推动居委会、业主委员会、物业企业三方联动机制建设，搭建街道社区党员干部、业主委员会党员、物业企业成员、小区业主党员代表"四位一体"的共建平台，建立健全街道社区党组织牵头的联席会议、协调议事会、现场联合办公和重大事件协商制度，及时沟通、协调、处理涉及小区的各类具体问题。

二是探索创新老旧小区、失管小区物业管理服务新模式。考虑到小区居民收入普遍较低，组建公益性物业服务实体，由街道成立国有物业企业托底小区日常管理和"四保"服务。执行新沂市最低物业收费标准，每月仅收取 0.3 元 /m² 物业费，由财政部门对小区物业服务站进行资金补贴，每年 4 万，避免因资金不足导致小区物业服务无法正常运转。对改造后的新华小区投入资金 90 余万元，建立 320m² 社区综合服务中心，增加配餐、居家养老等服务，用经营性收益补齐物业管理服务经费短板，每月可补贴物业费用缺口 0.8 万元，占物业服务费用支出的 50%。

三是推进共建共享，引导业主自治。街道社区党组织推荐符合条件的社区两委班子成员或网格支部书记、党小组长，通过法定程序进入业主委员会，严格把关业

党建宣传栏

新增社区居民活动中心

新增社区居民养老服务中心

主委员会候选人资格，规范新成立和改选的业主委员会选举工作程序，提高党员在业委会中的比例，动员支持小区业主中的党员和各级党代表、人大代表、政协委员参选楼栋长、业委会成员，把社区建设成党组织联系服务群众的重要平台。

◎ 实践成效

### 1. 人居环境改善

2020 年，新沂市新华小区老旧小区改造项目共清除违建 6000m²，增设停车位 170 多个，出新建筑外立面 8 万 m²，铺设沥青路面 2.3 万 m²，安装路灯 96 个，新建免费充电车棚 26 个、电动自行车充电设备 210 个，免费加装公益电梯 7 部。

出入口改造前后

路面改造前后

屋面改造前后

改造后鸟瞰图

### 2. 投资就业带动

新华小区与新华小学仅有一墙之隔，属于典型的学区房，但由于该小区原先居住环境差，年轻人不愿意居住，小区内绝大多数居民为老年人。小区改造改善了该小区人居环境，现在，不少年轻人住了进来，带动了周边的消费水平，激活了附近装饰装修行业，更盘活了本小区二手房交易市场和房屋租赁市场。一位新华小区业主直言，小区改造推动其房产增值了 20 万元。据了解，新华小区在整治改造前，二手房买卖均价约 4200 元 /m²，租赁价格为 600 元 / 月，改造后，新华小区二手房买卖价格上涨至 5900 元 /m²，租赁价格普遍涨至 1300 元 / 月。

### 3. 社会治理提升

老旧小区改造强化了公共空间和公共资源由人民群众共享的发展意识，促进了社会公平正义，群众的共建意识和主体意识不断增强，爱护公共设施、维护公共秩

序行为在新华小区蔚然成风，以"勤、孝、礼、义、廉"为主要内容的小区文化深入人心，唤醒了邻里和谐关系，催生了小区长效管理的"内生力量"，带动了全社会参与共建共治共享的积极性。同时，积极探索全面推行社区党组织领导下的居委会、业主委员会、物业服务企业的"四位一体"社区管理体制，充分发挥群策群力的作用，用集体的智慧，共同搞好老旧小区后期长效管理工作，让每个人对新的管理模式有认同感、归属感，激发每个人对社区建设、老旧小区长效治理的主动性、积极性，从而参与到社区建设中来。

### 4. 城市活力激发

新华小区改造是惠民工程、德政工程、民心工程，政府部门全力投入，小区居民全程参与，干群关系更加密切。相关部门的努力付出，党员干部的积极奉献，得到了党委政府的重视、人民群众的认可，激发了争先创优的积极性和使命感。而等待改造的小区热切盼望，群众的心态纷纷由"要我改"向"我要改"转变，不少亟待改造的小区居民纷纷建言献策，希望按照新华小区的标准早些进行改造，市民参与改造的热情和行动自觉获得有效激发，提振了精气神，增强了发展新活力。

**大家声音**

---

新华小区业主王玉兰："现在有了电梯，上楼不累了，也升值了，我原先6万块钱买的房子，现在26万我也不卖，这都多亏了党和政府的好政策。"

新华小区业主代表："以前小区涝得厉害，一到雨季，根本出不了门，水都能没过膝盖，到处都是破破烂烂的，现在经过改造，我们大家真是无比高兴。"

《江苏新沂：从"扮靓"到"宜居" 老旧小区改造重"整"更重"治"》一文："在投入资金改造提升的同时，注重提前谋划，着力建管并重，突出长效治理，对完成改造提升的小区引入配套物业管理，确保老旧小区的改造提升持久地造福居民。"——"学习强国"

《江苏新沂：老旧小区换"新装" 惠民工程有"温度"》一文："按照'先急后缓、分批实施，实事求是、量力而为'的原则，争取改造一个宜居一个，不搞'大水漫灌'，不留新的隐患。"——"学习强国"

《社区养老不是梦，新沂老旧小区改造托起最美"夕阳红"》一文："吃不愁、病不忧、孤不独、乐有伴，在新沂市接下来的老旧小区改造中，老年服务场所将越来越多、功能将越来越完善，越来越多的老年人开始安享'住在自家、活在社区'的幸福晚年。"——"中国江苏网"

---

供稿：**孟亮** | 新沂市房产服务中心，党组成员、副主任

# "集体经济"模式的安置小区改造：苏州市国泰一村小区

**用地面积：** 11.68 万 m²
**建成年代：** 2004 年
**房屋产权类型：** 安置房
**人口情况：** 848 户，4134 人
**更新实施时间：** 2020—2021 年

**地点**
苏州市吴中区郭巷街道国泰西路南侧、东安路西侧

◎ 基本情况

国泰新村地处郭巷街道东部，整体建成于 2004 年，由国泰一村等 5 个行政村合并而成。建有连体别墅 1438 套、公寓房 1992 套、自建房 146 套，建筑面积 68.7 万 m²，现有常住人口 8850 人，暂住人口约 1.5 万人，是吴中区最大的安置小区之一（其中，国泰一村为 2004 年建成，涉及 34 栋楼，居住人口约 4134 人）。国泰新村建成至今已有十多年，各项基础设施老旧、破损、缺失，因此吴中区将国泰新村纳入老新村改造计划，实施全面提升改造，包含市政管线、建筑改造、公共服务设施、景观绿化和道路改造 5 个专项。

◎ 案例特色

**1. 多渠道筹措改造资金，多元化投入与市场运营相结合**

国泰一村改造由郭巷街道尹山湖集团公司下设的尹山湖集团物业管理公司作为主体自筹 910 万，向国家开发银行进行融资 3590 万元，期限 20 年，其中第一年为建设期，第二至二十年为经营期。以物业费、房租收益以及停车费收益等作为偿还，实现自我"造血"，预计从第二年开始有收益。物业收费面积 180905m²，含税物业费暂按 2.0 元 /m²·月，考虑物业费每 5 年上涨 10%，计算得到经营期内物业管理费收入年均为 471.6 万元。一村公寓公有房屋面积 2275.0m²，出租率暂按 80% 计，含税租金价格为 1.0 元 /m²·天，考虑公有房屋租金每 5 年上涨 10%，计算得到经营期内公有房屋收入年均为 70.1 万元。机动车停车位共 1415 个，出租率按 70% 计，车位含税租金价格为 120 元 / 个·月，考虑车位租金每两年上涨 10%。计算得到经营期内车位租金收入年均为 203.3 万元。其中物业费、房租收益以及停车费收益占比分别约为 63.3%、9.4% 和 27.3%。

**2. 探索社会力量市场化参与机制，建设经营性笼式足球场**

系统梳理居民改造需求，对接相关有兴趣参与的社会力量。其中引入足球畅踢科技公司投资 117 万元建设约 3200m² 的笼式足球场。足球场地在计算期第二年开始对外场地出租。足球场地含税租金价格为 450 元 / 个·天，考虑足球场地租金每 5 年上涨 30%，本项目足球场地预计收入年均为 22.8 万元。此外，足球场还为儿童提供免费培训，定时对社区居民免费开放，提升了社区的生活配套水平。

足球场建设前后

### 3. 连通城市交通骨架道路，为区域进一步开发做好铺垫

针对小区的用地功能布局及交通需求，结合地形地貌条件，合理利用现有道路，布局快速、通畅、便捷、舒适的道路网体系，与城市交通骨架道路相互连接。本次改造将消防车道改造为沥青路面，包括宽 9m 道路铺设沥青 484m，宽 6m 道路铺设沥青 3242m，共计 23970m²。道路两侧立侧石 17990m。建筑南侧进车库处设计 2.5m 透水砖人行道，共计 6805m²。

道路改造前后

### 4. 从无到有，引进物业管理，巩固改造成果

该小区为老旧安置房，原本没有专业物业，为更好地管理小区，巩固改造成果，社区引进有资质的专业物业管理公司协助社区共同维护好小区环境。其物业服务项目共分为综合管理、保洁服务、秩序维护、环境管理、绿化养护、设施设备维护等。通过社区督促、不定期考查等方式，强化对物业服务公司的监管，实现物业管理从无到有、从简易到专业的转变，建立长效管理机制，共同维护改造成果。

**5. 着眼社区长效治理，健全动员群众共建机制**

着眼于老旧小区的长效治理，成立"居民自治监督小组"。由 5 名老书记、老党员、老干部出任监督参与小区建设工作，结合小区改造，协助协调改造中遇到的矛盾纠纷等问题，参与前期方案规划、听取群众民意调查意见、参与改造监督等，全程参与小区改造，实现居民共建、居民自治。

◎ **实践成效**

### 1. 人居环境改善

外墙粉刷面积约 51618m²。将所有入户门改为防盗门，共计 97 扇。改造落水管 3210m，增设单元标识 97 个。车位配比 1:1.82，改造机动车停车位共 1415 个（充电停车位按 10% 配比），非机动车停车位 780 个，65 个非机动车停车棚（含充电桩），并合理布置部分无障碍停车位。设置 9 个垃圾收集点，每个收集点设置 4 个垃圾桶，共 36 个垃圾桶，实行垃圾分类回收。

新改建笼式足球场以及儿童游乐场地和乒乓球场、羽毛球场、篮球场等，建设健身步道 820m。

改造后小区鸟瞰图

改造后小区景观

### 2. 人群结构变化

国泰一村小区作为老旧小区，现状老年人口比例较高。改造后小区居住环境和便利程度将大幅提升，按照该小区的区位优势，预计将吸引大量中青年人员租购。

### 3. 投资就业带动

国泰一村老旧小区改造总体投入 4500 万元，且因引进社会力量参与建设，并从无到有引进专业物业服务，必将直接或间接带动就业。物业企业作为劳动密集型企业，吸收大量下岗分流人员、大中专毕业生、部队复转军人、下岗待业人员、农民工和残疾人，在推动就业方面起到了积极作用，例如引进物业后，安保人员、清洁人员和物业文员等职位需求扩大。

### 4. 城市活力激发

国泰一村位于郭巷街道居民集中区，小区内大体量的运动娱乐设施和绿化景观将辐射周边其他居民，并带动周边小型商业发展。国泰一村改造将设置具备功能性、服务性的配套设施，增加便民服务，如服务用房可为居民提供婚庆场地、娱乐休闲场地等；设置快递柜，便于居民线上购物、邮寄物品等。

**大家声音**

---

小区业主："虽然现在还没完全弄好，但是墙粉刷啊、沥青路啊已经差不多了，小区看起来比原来新了好多，尤其是单元防盗门我很满意，以后贴小广告的人就进不来了。"

餐饮店店主："我在这开餐馆也有十几年了，逢年过节大家都爱来我这吃饭，和街坊邻居都挺熟，平常聊天也会聊到这次的改造，大家都认为总体是好的，改造后整个小区都亮堂多了，马路宽了，停车位也多了，就是现在娱乐设施好像少了点，希望以后的改造中可以增加。"

小区物业："作为老旧小区，国泰一村老人众多，物业的管理工作实施难度确实较大，但是在一村改造过后，老百姓将体验到物业管理的优势与物业服务的专业，未来也会更加配合我们的工作。"

---

供稿：**沈伟** | 苏州市吴中区郭巷街道国泰社区，党委书记、居委会主任

# 城市更新行动
## 的江苏宜居实践

TOWARD A LIVABLE JIANGSU:
Practices and Explorations of Urban
Renewal Action

◎ 项目分布

◎ 行动概览

· 率先探索：银发浪潮下的适老住区改造

◎ 样本观察

· 从设施环境适老到长效服务助老：扬州市荷花池小区

· 利用架空层改造全龄友好的温情空间：扬州市桐园小区

· 社区治理创新打造"家门口就业"服务：宿迁市豫新街道

# 2 PART

## 适老住区打造

# ■ 项目分布

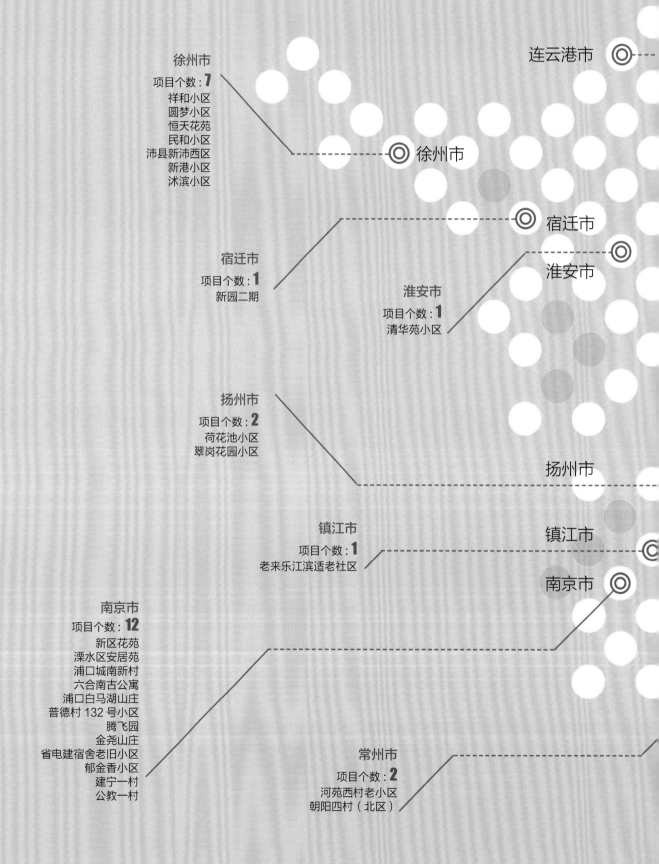

徐州市

项目个数：**7**

祥和小区
圆梦小区
恒天花苑
民和小区
沛县新沛西区
新港小区
沭滨小区

连云港市

徐州市

宿迁市

项目个数：**1**

新园二期

宿迁市

淮安市

项目个数：**1**

清华苑小区

淮安市

扬州市

项目个数：**2**

荷花池小区
翠岗花园小区

扬州市

镇江市

项目个数：**1**

老来乐江滨适老社区

镇江市

南京市

南京市

项目个数：**12**

新区花苑
溧水区安居苑
浦口城南新村
六合南古公寓
浦口白马湖山庄
普德村 132 号小区
腾飞园
金尧山庄
省电建宿舍老旧小区
郁金香小区
建宁一村
公教一村

常州市

项目个数：**2**

河苑西村老小区
朝阳四村（北区）

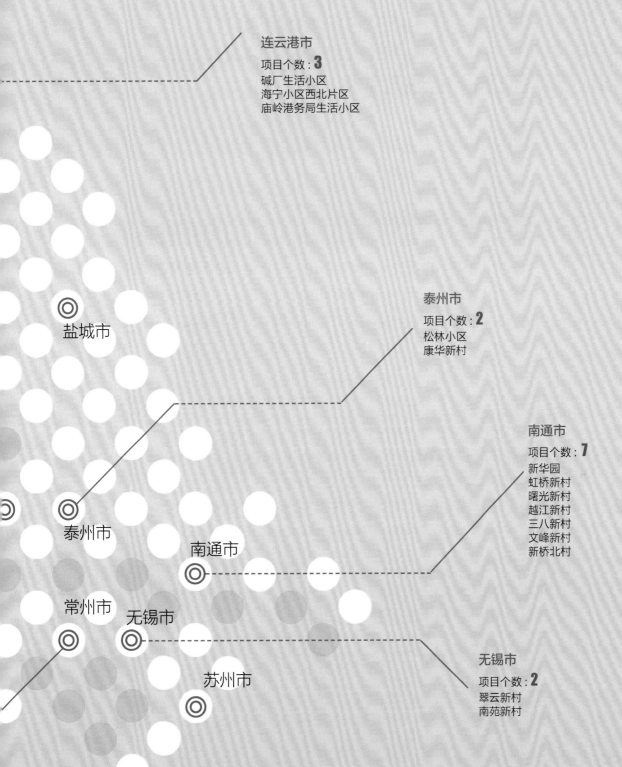

连云港市

项目个数：**3**
碱厂生活小区
海宁小区西北片区
庙岭港务局生活小区

泰州市

项目个数：**2**
松林小区
康华新村

南通市

项目个数：**7**
新华园
虹桥新村
曙光新村
越江新村
三八新村
文峰新村
新桥北村

无锡市

项目个数：**2**
翠云新村
南苑新村

盐城市

泰州市

南通市

常州市

无锡市

苏州市

数据为 2017 年江苏省适老住区项目

城市更新行动
的江苏宜居实践

■ **行动概览**

# 率先探索：银发浪潮下的适老住区改造

◎ **老龄化浪潮下的城市空间应对**

江苏在 1986 年便率先进入老龄化社会。相对全国大部分地区进入老龄化社会时仍处于快速城镇化阶段，江苏呈现出明显的"与城镇化同步变老"特征。到 2015 年，江苏老龄化水平已在全国居于首位，全省 60 周岁以上老年人口占比达到 21.36%，相较全国平均水平（16.1%）高出 5.26 个百分点，80 周岁以上老年人口达到 254.97 万，占老年人口的 15.47%，呈现老年人口绝对数量大，高龄、老年抚养比例高、家庭负担重等特征。人口老龄化对经济、社会和城乡建设等方面带来了巨大的影响。在危房解危、老旧小区改造、住房保障规划的基础上，江苏已基本实现人民"住有所居"的普遍期待，随着老龄化进程，关注老年人群的生存状态关系到社会公平、社会和谐发展和新型城市化战略的实施，更关系到每一个"家庭"的幸福，因此从空间上破解老龄化问题迫在眉睫。可以说，江苏探索老龄化浪潮下的城市更新路径从关注"个人的需求"进一步转变为"家庭的需求"，是解决住房问题向构建更"宜居"社区的一个重大突破。

◎ **以日常环境为起点开展适老化改造**

居家养老需求旺盛，适老化需从日常生活环境起步。根据发达国家的发展趋势，结合我国家庭养老的文化传统、"4-2-1"家庭结构的转型和"未富先老"的现实国情，从机构养老到回归社会化养老服务供给保障下的居家养老，必将成为主流的养老模式。

江苏省为全国探索适老化改造，进行了先行先试的示范工作。2015 年，江苏省发布《江苏省政府办公厅关于开展适宜养老住区建设试点示范工作的通知》，以满足日益增长的社区居家养老服务需求为出发点和落脚点，紧紧围绕养老服务体系和住房保障体系建设，开展适老住区建设工作。

江苏适宜养老住区发展历程

| 时间 | 会议、文件 | 具体内容 |
|------|-----------|----------|
| 2015 年 | 《关于开展适宜养老住区建设试点示范工作的通知》(苏政办发〔2015〕120 号) | 从 2016 年起,在全省开展适宜养老住区(以下简称"适老住区")建设试点示范工作,率先探索"居住宜老、设施为老、活动便老、服务助老、和谐敬老"适老住区建设路径,提出用 3—5 年的时间,在全国率先建设和改造一批充分考虑老年人生活需要、软硬件配套完善、能满足居家养老和社区养老需求的住宅小区(社区)。 |
| | 全国两会 | 提交关于建设适老宜居住宅和社区适应"银发社会城镇化"需求、关于减免相关税费,支持"一碗汤距离"亲情养老居住需求的提案。 |
| 2016 年 | 《江苏省"十三五"美丽宜居城乡建设规划的通知》(苏政发〔2016〕167 号) | 提出按照"居住宜老、设施为老、活动便老、服务助老"的要求,推进适宜养老住区建设试点示范。探索建立符合江苏实际的住有宜居评价指标体系。 |
| | 《江苏省省级适宜养老住区建设引导资金暂行办法》 | 明确省财政每年安排专项资金对既有住区适老化改造示范项目和相关工作给予奖补。 |
| | 《江苏省既有住区适老化改造指南(2017)》 | 为进一步规范和有序推进全省既有住区适老化改造项目提供了工作参考。 |
| 2017 年 | 《关于全面放开养老服务市场提升养老服务质量的实施意见》(苏政发〔2017〕121 号) | 提出要推进居住区适老化建设和改造,到 2020 年,全省新建和现有社区适老化改造项目达到 100 个以上。 |
| | 《关于进一步加强无障碍设施、养老服务设施建设和管理的通知》(苏建科〔2017〕527 号) | 要求全省各地区积极推进住宅住区无障碍和适老化工作,扎实推进适宜养老住区建设试点示范工作。每个设区市每年至少启动 1 个新建适老住区和 1 个既有住区适老化改造试点项目。将住区、住宅无障碍设施建设作为一项重要考核指标,纳入示范项目考核。 |
| 2018 年 | 《关于制定和实施老年人照顾服务项目的实施意见》(苏政办发〔2018〕1 号) | 明确了包括"推进居住区适老化建设和改造"老年人照顾服务工作的 15 项重点任务。 |
| | 《关于适宜养老住区建设工作有关情况的通报》(苏建房管〔2017〕19 号) | 发布 2016—2017 年全省各地积极开展适老住区建设试点示范工作情况,命名南京市公教一村等 29 个项目为"江苏省适老住区示范项目"。 |

　　江苏省住建厅提出开展适老住区建设工作后,取得各方共识和支持。对照"居住宜老、设施为老、活动便老、服务助老、和谐敬老"要求,自 2016 年起,在明确了工作任务和目标后,江苏省研究制定 5 年规划和年度行动计划,在 2017 年第二季度召开全省适老住区现场会,全面启动试点示范工作。

　　一是先行先试,完善适老住区的建设内涵与建设标准。目前发达国家的居住区更新已形成了成熟的适老体系,而国内对适老化方面的研究起步较晚,适老住区的内涵、评价体系和建设标准不一,很难对亟待解决的居住区适老化建设产生指导性作用。为解决这一难题,江苏省借鉴国际社会对于老年友好住区的多种解读,将住区适老化建设的

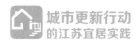

| 居住宜老 | 设施为老 | 活动便老 | 服务助老 | 和谐敬老 |
|---|---|---|---|---|
| • 住宅符合《老年人居住建筑设计标准》<br>• 亲情养老住宅<br>• 住宅配置电梯 | • 配套老年人活动中心、老年人护理中心（站）、社区日间照料中心等<br>• 提供应急呼叫服务 | • 住区设施无障碍设计<br>• 有适合老年人的户外活动场所<br>• 加装电梯、扶手等设施，方便老年人日常出行 | • 配备养老护理员<br>• 有养老服务项目<br>• 物业公司有老年人服务条款 | • 适老住区文化氛围，鼓励邻里守望相助<br>• 培育发展为老服务公益慈善组织 |

适老住区"五老"体系

目标构建在尊重老年人生活方式上，围绕住区空间、公共设施、活动空间、软件服务和文化氛围的适老化，研究制定《适宜养老住区改造和建设标准》。

二是试点探索相关管理政策和扶持政策。江苏的适宜养老住区建设在全国属于首创，为应对适老化住区改造过程中出现的建筑安全、日照间距、房屋权属、改造闲置用房的运营管理等问题，江苏先后出台了《关于开展适宜养老住区建设试点示范工作的通知》《江苏省省级适宜养老住区建设引导资金暂行办法》《关于全面放开养老服务市场提升养老服务质量的实施意见》《关于进一步加强无障碍设施、养老服务设施建设和管理的通知》《关于制定和实施老年人照顾服务项目的实施意见》等一系列政策。

三是多方位探索既有小区适老化改造的资金支持问题。将适宜养老住区建设同政府引导与市场主导相结合，充分发挥房地产开发企业、专业养老服务企业和其他社会组织在适老住区建设和改造中的主体作用，满足老年人多元化的居家（社区）养老需求。

◎ "适老化"成为一以贯之的江苏特色

在全省开展的适宜养老住区建设试点示范工作中，建设和改造了一批充分考虑老年人生活需要、软硬件配套完善、能满足居家养老和社区养老需求的住宅小区（社区），在探索"适老化改造"的过程中，摸索形成了以下的改造亮点：

一是引导开发老少共居的亲情住宅，支持"一碗汤距离"相邻居住。江苏多部门推动试点打造、改造两代宜居的"亲情住宅"，实现老少共居、各得其所，同时又能相互照顾。同时，对三层以上楼房进行电梯配建，并在公共出入口至机动车道之间有绿化隔开，实行人车分流，老年人住宅在设置台阶的同时，还配备坡道，方便使用轮椅的老人出行。为在同城市实现子女与老人的相邻居住而换购住房的居民，实行等面积置换部分免征或减征相关税收的政策。支持鼓励"一碗汤距离"的亲情居家养老模式，促进住房市场优化重组。

二是挖掘整合闲置资源，以适老化为重点推动社区生活圈完善。例如扬州市荷花池、宿迁市豫新街道等，利用闲置或空余的社区用房，将其改造为居家养老服务中心和休闲健身活动空间，充实居家养老和社区养老所需要的日间照料设施、医疗护理设施以及健身文体等活动设施内容。

三是更新实践中注重打通与民政、医疗等部门的政策壁垒。利用社区医院实现对老人的照顾和护理，结合智慧城市的建设，建立线上线下的医疗护理和呼叫应答平台，实现资源整合。在发展社区居家嵌入式机构的基础上，大力推进家庭医生签约服务，制定家庭医疗护理服务规范。

四是软件服务和管理政策完善。在适老住区的实际建设中，镇江市迎江路中心社区、苏州市桂花新村等对于挑选引入机构、运营管理、医疗文化配套方面的问题，广泛开展了适老住区服务方式的创新性实践，除了研究制定小区配建养老服务设施规定，还确定了各类养老设施竣工验收及移交的主体。

## ◎ 结语

中国人特有的家庭观念，使得居家养老和社区养老将成为未来中国养老模式的主流。如果我们能够认识到这一点，就应该树立起新的观念：每一个居住区里都会有老人，所以每一个居住区都应该适老宜居。"老有所居、老有所养、老有所依"实质上是对"人的需求""家庭需求"的关注，江苏在提前的"老龄化"浪潮中意识到城市的发展离不开城市的所有人，21 世纪的城镇化是"以人为本"的城镇化，而城市更新的标准也越来越注重城市的宜居性。以适老化改造为台阶，江苏城市更新"宜居"的主题进一步升华，在之后的老旧小区改造、宜居住区建设、宜居街区塑造中，适老化的特色将一直延续下去。

■ 样本观察

# 从设施环境适老到长效服务助老：扬州市荷花池小区

**用地面积：**1 万 m²

**建筑面积：**9.5 万 m²，其中公共建筑 2 万 m²，居住建筑 7.5 万 m²

**建成年代：**始建于 1990 年

**房屋产权类型：**多类产权混合

**人口情况：**851 户，2148 人，其中 60 岁以上人口占比 22.4%

**更新实施时间：**2013 年

**地点**

扬州市广陵区，位于江阳路快速路以北、
安墩河以东、荷花池路以西、荷花池公园以南

◎ **基本情况**

　　荷花池小区是 20 世纪 90 年代建成的老小区，因小区建设年代早，道路、排水、化粪池等公共配套设施年久失修，造成环境脏乱、道路破损、路面积水严重等状况，居民调侃说："大门四处敞，路灯闹下岗；水泥路不平，停车要靠抢；垃圾难入箱，随地到处放；花园不见花，杂草苗壮长。"荷花池小区历经多轮改造，2010 年对 1990 年的老区进行改造，2013 年对 1992 年的新区进行改造，2017 年适老化改造（修缮配置养老服务用房、打造露天适老化活动场所、增设无障碍设施、规划环境整治），2021 年进行线路规整。自 2010 年开始，扬州市、区两级政府共投资 9201 万元，荷花池社区自筹资金 296 万元对该小区进行了集中整治，主要内容包括新建雨污水管道及路面、化粪池清淤、更换落水管、楼梯间内墙出新、绿化整治等；在小区安装了 36 个监控探头，实施 24 小时全天候监控；在车辆停放方面，召开 40 多次"圆桌会议"、80 多次现场协调会，建立 18 座 79 间 1400m² 的公用车库，同时在原有停车位的基础上合理规划、裁边补角再增加 100 个停车位，实现了小区车辆的有序停放；在日常维护方面，荷禾物业中心负责全面事宜，聘请保洁员每天对道路楼道进行清扫，对花草树木进行修剪，成立物业志愿服务队，定期与扬州大学志愿者联合开展小区环境维护活动，党员义工巡逻队的定点巡逻，对进入小区的外来人员进行查询，有效提升了居民的舒适感和安全感。

荷花池社区党群服务中心

## ◎ 案例特色

### 1. 居住环境适老

荷花池小区建筑容积率为1.5，楼栋平均为5~6层，为方便老人上下楼梯，所有的楼栋通道都设置了内侧扶手，4层以上设有休息壁挂椅，小区毗邻"居家养老集成服务大厅"，老龄人口拥有足够的活动空间。

小区公共绿地率达35%，爱绿护绿较为完善，基本上做到了四季常青。小区专门聘用了6名保安，治安状况有了根本改善。此外，每个家庭都有与荷禾物业直接沟通的热线电话。

休息长廊改造前后

### 2. 设施配置便老

荷花池小区新建了1个睦邻服务点，周边居民平均步行3~5分钟就能抵达。服务点室内面积均在15m² 以上，配套了康复护理、日间照料、文化活动等设施，老人在这里可以度过愉快的一天。此外，社区邻里服务中心新建了扬州唯一的"居家养老集成服务大厅"，面积100m²，具备健康咨询、家政服务、情感陪护、娱乐健身等功能，被大家评价为"老龄之家"。

小区道路全部符合无障碍要求，空地上配置着20多张座椅，供老年人栖息。小区活动广场上配备了摇手盘、脚秋千、踩滚筒、走荡桥等老人健身器材，每天清晨和傍晚，小区老年人都喜欢来这里锻炼。此外，小区道路系统和公共空间，均拥有一流的照明设施，夜晚亮如白昼。

居家养老集成服务大厅

老人正在使用健身器材

### 3. 多样化服务助老

社区在荷花池小区探索出了一条"自管"新路，并在社区层面组建了物业管理中心——荷禾物业服务中心，用"中心化"的模式将"荷花池经验"向其他小区复制推广，进一步放大"荷花池经验"的效应。荷花池社区于2011年成立了荷禾物业服务中心，在全市创新出了社区党委、居委会、业主委员会、物业分中心"四位一体"的基本物业管理新模式。

与一般物业服务企业不同，荷禾物业服务中心的性质是社会组织，是一种社会组织介入社区物业管理的新尝试，有效保证了自管质量并使自管成为小区物业管理的长效化机制。中心设有物业管理主任办公室、保安中心、绿化护理中心、维修中心、保洁中心等5个部门，通过社区平台助推小区物业管理的实施，通过物业服务的提升营造社区管理的和谐氛围，实现物业服务与社区养老的有机结合和良性互动，实现"社区是我家，建设靠大家"，努力营造安全、文明、整洁、舒适、充满亲情的社区氛围。

荷花池社区建有居家老服务工作站，聘用了12名社工，为老人提供居家养老服务。其中，4人专为荷花池小区服务，平均每45人就拥有1名专职护理员。依托社区卫生服务中心，社区为小区老人全部建立了系统的健康档案，老人每年免费体检1次。在毗邻的苏北人民医院大力支持下，社区在荷花池小区实施了"老龄人口慢性病和常见病健康干预工程"，提供家庭医生、科学锻炼、营养配方、矫正不良嗜好等综合服务，有效延长了老年人口的平均预期寿命。

社区还对荷花池小区每个老人每月发放一张"荷花池社区居家养老服务体验券（100元）"，享受政府购买服务，包括助餐、助浴、理发、修脚等。此外，社区要求2名网格长分别结对帮扶一位孤寡老人，确保"孤老不孤、空巢不空"。

2016 年，社区实施了省级公益创投项目"社区儿女一家亲——鳏寡独居银发支持计划"，主要内容包括"1 对 6"服务模式，即 1 个社区儿女结对 6 个鳏寡独居老人，老人有"儿女"电话、知"儿女"住址；"儿女"能经常电话问候，定期上门看望，生日一起度过，困难及时帮扶，实现"老有所靠"。

社区还成立了"润玉堂公益文化演出团"，一群志愿者专门在社区内开展"文化养老服务"，使老龄人口能"老有所依，建立精神家园；老有所健，开展健身活动；老有所为，参与文化建设；老有所乐，享受文化魅力"。

◎ **实践成效**

### 1. 人居环境改善

荷花池小区在适老化改造中，翻建小区托老所约 300m²，达到每百户约 25m² 的标准。新建和改造小区监控设施、部分小区路灯、出入口智能道闸、楼道出新、维修栏杆扶手，通过智能手环、智能看护、集成服务信息建设，打造智能化养老平台。改造小区芙蓉口袋广场约 200m²，扩大老年活动场地，整治小区河边走道约 500m²，实施荷文化一条路改造 500m²，共计 1200m²。在小区主要出入口、中心广场等公共

小区畸零地改造前后

翻建的小区托老所及无障碍坡道

区域增设无障碍通道，加装交通导行标志等。拆除违章搭建、增设车位，改造坡道，整治绿化，实施小区雨污管道分流、化粪池清淤、落水管更换、楼栋出新，新建自助洗车台、多功能充电桩、小区电子道闸等。推行"四位一体"物业管理新模式，落实长效管理措施，确保整治效果长久保持；打造社区荷禾物业，落实助餐、送餐，实施便民医疗，提供居家养老家政服务，构建助老服务网络。

### 2. 投资就业带动

社区为优化居家养老服务专门成立了老年快乐驿站，创业服务中心将其视为接纳难以就业人员的场所。经过人社部门的培训，8位四五十岁的妇女拿到家政服务的上岗证，由此来到老年快乐驿站就业。驿站的建设费用来源包括财政补贴、项目扶持、自筹三部分组成，20多位居民平均年收入达1.8万元，因为上班地点距离家较近，大家都很乐意在驿站工作。社区一方面为有经营和管理经验型的老年人提供二次创业平台。在长者服务中心，根据老年人的创业意愿，以信息中介、经营承包、场地租赁、建管合作等多种形式，实现老年人在社区内就近创业和社区外创业的愿望及业务助推，同时又可优先为社区内老年人提供相关就业岗位。另一方面为有专业技术和操作经验型老年人提供二次就业平台。长者服务中心通过上门调查和主动登记的形式，对老年人的专业特长和就业需求进行统计，免费完成与用人单位的对接，实现部分老人再就业。

**大家声音**

---

某居民："社区为我们新建了老年活动中心，改造了我们的休息场地，让我们社区的老人有地方去，还可以开展更多的文化娱乐活动。看着原本较差的环境逐渐变好，居住也更加安全了，我们真实地感受到了幸福。"

保安人员："我们主要是社区下岗失业人员和就业困难人员，社区聘用我们维护小区治安、解决小区的物业管理问题，扎扎实实地解决了我们的就业难题。"

社区居民："我们社区当初选荷花池小区为试点，在取得成功的基础上，进一步向安墩新寓、苏农一村小区复制推广。这么多年来的实践让社区更加坚信，当初社区党委牵头成立的荷禾物业是我们在市场化运作和居民自治性之间，闯出的一条好路子。实践下来，效果好，有口碑，可复制，可推广，成为全国物业协会首推的样本。"

---

供稿：**黄妍** | 扬州市广陵区汶河街道荷花池社区居民委员会

"已改造"

荷

荷花池
小区

VS

"未改造"

苏农
一村

苏

20%

荷花池
小区

1991 年

1954 年、1976 年、
1984 年

60%

苏农
一村

**60 岁以上人口占比**

851 户

88 户

**户数**

2148 人

210 人

**人口**

1 / 0.25 用地面积 / 万 m²
9.5 / 2.8 建筑面积 / 万 m²
4000 / 2000 危房整治 /m²
0 / 0 违建拆除 /m²

20 世纪 90 年代建成的老旧小区，改造前环境脏乱、道路破损、雨天积水，2010 年后进行过多次整治，目前正进行新一轮改造。

与荷花池小区同属一个社区，有不同时期的房屋建筑，尚未进行改造。

**房屋建筑**

建筑改造

风貌感受

**公共活动场地**

绿地率
5% / 10%

## 公共活动场地

宜人程度

## 交通出入环境

车位新增

**218 个**　　　**53 个**

出入安全性

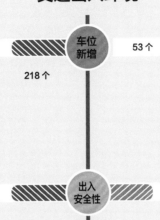

## 物业管理

| 基本物业 | 物业管理类型 | 基本物业 |
|---|---|---|
| 2012 年 | 物业公司入驻时间 | 2012 年 |
| 0.25/m² | 物业费 | 0.25 元/m² |
| 50% | 物业费收缴率 | 80% |
| 有两个固定的垃圾分类站点，面积 6m²，无积分兑换 | 生活垃圾分类情况 | 有固定的垃圾分类站点，面积 2m²，无积分兑换 |

## 配套服务

| 500m² | 社区活动用房建筑面积 | 60m² |
|---|---|---|
| 200m² | 老年人服务设施建筑面积 | 60m² |
| 助餐 | 便民服务提供情况 | 无 |

## 房价变化

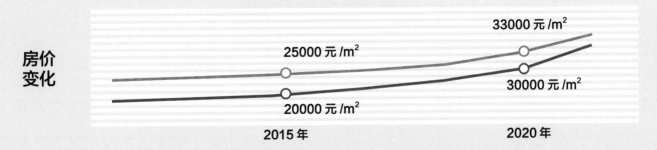

33000 元/m²

25000 元/m²

30000 元/m²

20000 元/m²

**2015 年**　　　**2020 年**

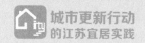

**大家声音**

荷花池小区曹书记:"荷花池小区是一个典型的'老旧小区',为保证改造效果,社区以车位费抵物业费的方式解决了物业管理收费问题,初步形成自管。后成立社区党委、居委会、业主委员会、物业分中心一体的荷禾物业服务中心,以社会组织介入社区物业管理的形式进行社区自管。后将'荷花池'经验向其他小区复制推广。苏农一村就是在这样的情况下学习了'荷花池经验',通过业主委员会收取物业管理费。"

荷花池小区居民:"小区里为我们老人改造了托老所等老年活动场所,也在广场里加了廊椅给我们休息,在小区里终于有地方给我们活动了。"

◎ **小结**

1. 荷花池小区通过自 2010 年开始进行的数次整治改造,少量多次、可持续性地提升了小区的环境水平。从基础项目到适老专项,逐步进行空间整治上的"查漏补缺",并围绕适老主题进行道路无障碍化改造,配置座椅、健身器材等,并新建老年活动中心,逐步摸索出改造经验。小区 2022 年进行了新一轮的改造项目,继续完善改造成果。同一社区的苏农一村尚未进行过改造,但正是由于改造启动晚,2022 年才开始进行较完整的综合改造,包括水电气路完善、楼道出新、楼道窗更换、无障碍通道改造、落水管更换、楼道折叠椅增设等。

2. 在管理思路上,荷花池小区在十多年的持续性改造过程中探索出"物业带养老"的模式,包括以车位费充抵物业费、由社会组织提供物业服务、雇用小区居民开展绿化维护和小区清洁等办法。初次探索相当艰难,由社区统筹各项细节。但苏农一村复制该管理办法时,模式已相当成熟,不再由社区统筹,而改由引入社会组织推进实施。

# 利用架空层改造全龄友好的温情空间：扬州市桐园小区

用地面积：4 万 m²

建筑面积：90166m²，其中公共建筑 32519m²，居住建筑 57647m²

建成年代：2012—2013 年

房屋产权类型：商品房

人口情况：436 户，1308 人，其中 60 岁以上人口占 15%

更新实施时间：2019 年

**地点**

东至任庄巷，西至维扬路，南至四望亭路，北至姚庄

桐园鸟瞰

桐园的景观小品

◎ **基本情况**

桐园小区一期、二期分别于 2012 年、2013 年交付并投入使用。小区位于扬州市城区，毗邻蜀岗瘦西湖风景名胜区，城市配套齐全，交通便利，地理环境优越。"桐园"寓意"凤凰栖桐"，在建设之初就以"高起点、高标准"的目标进行规划设计，并在优先考虑老人、儿童等特殊人群的需求后，为减轻冬季湿冷、夏季燥热气候环境所带来的不适，在扬州率先采用毛细管网地源热泵空调系统，增加了居住的舒适性。全小区人车分流，所有车辆进地下车库，并且直接经电梯入户，形成地下、地面的立体交通，老人、小孩在小区活动，更加安全从容。小区内景观水域纵横、遍植高品质花木，还建设了多处的景观小品、健身娱乐设施，公共服务设施配套完善。

小区内住宅楼原本一层架空，但在投入使用后，发现架空层室内绿化维护成本高、效果差，且存在卫生保洁死角以及安全管控隐患。开发商、物业与业主代表调研后，从丰富小区业主文化生活需求出发，由开发商予以经济投入、升级改造，将架空层改造为洁净雅致的小区公共活动空间，并在扬州市政府的支持下，利用这些空间建成扬州市图书馆桐园分馆、桐园小区健康之家、桐园文化活动中心、亲近母语学堂等场所。

◎ **案例特色**

**1. 改造架空层增加小区公共活动空间**

桐园的架空层在改造之前存在空间浪费、管理成本高、安全保障不到位等问题，在初次提出改造想法时曾遇到过居民的诸多质疑："空间给谁用""会不会扰民""居住安全怎么得到保障"等。面对居民的问题，开发商一一解答并承诺保障业主的权益，逐渐获得居民的支持。在改造设计的过程中，桐园尤其注重代际交流空间的布局，设有图书馆、健康之家、学堂、老年活动中心、会所等公共设施，其公共设施布局充分考虑了老年人的生理和心理特征，体现了"亲情养老"的理念。

小区内设立的扬州市图书馆桐园分馆，实体书、电子书、儿童阅览一应俱全，预约借还图书便捷快速。在阅览室旁边同时布局儿童读书和活动空间，类似新加坡"三合一家庭中心"，方便老年人与儿童一起交流玩乐，增加老年人生活乐趣。

与图书馆相邻，设有老年活动中心，为老年人提供免费的休闲娱乐活动，场所开放书法、绘画交流、古筝、电子琴演奏习训，瑜伽健体，视听大片欣赏，棋牌竞技比赛等活动。各项活动丰富多彩，提升了业主业余文化生活的质量，同时也增进了业主的相互交流。

桐园学堂

扬州市图书馆桐园分馆

健康之家

桐园学堂，引入"亲情母语"机构，小学生放学后由专门的老师先接入学堂学习活动一段时间，待父母下班后再接回家。

健康之家，组织小区内的高素质医院退休职工提供医护专家咨询、病例分析、健康宣教、医学科普等服务。义工队伍中不乏像朱心太一样的扬州针灸泰斗，不仅义务为业主开展针灸保健治疗活动，还带徒授业，培养接班人。

### 2. 从硬件上探索社区养老模式

桐园小区由 6 栋 18 层、3 栋 6 层和 1 个中心会所组成，为了让社区老年业主能有一个幸福美满的晚年生活，桐园在社区养老模式上做了一些积极的探索。桐园未来社区居家养老模式立足于家庭，以社区为平台，整合社区以及周边公共服务资源，让老年业主们在自己熟悉的生活环境中实现养老。桐园开发设计了"两代居"产品，即同一社区或同一楼层或同一单元中相邻及相近的两套住宅，便于子女和父母相互照料，满足"一碗汤"距离。

两代居产品户型图

小区整体采用地源热泵系统、毛细管系统、置换式新风系统、全天候生活热水系统、同层排水系统、内遮阳系统、外墙节能保温系统等技术，并做到了人车分流，从硬件上打造宜居养老社区典范，提高了住宅的综合品质和居住的舒适性。

### 3.高素质退休人群形成义工团队，互帮互助医养结合

桐园业主多为社会精英。在后续的维护管理过程中，业主中出现了一大批志愿者守护改造完成后的公共空间，其他业主也在使用过程中珍惜改造成果，小区交往氛围也逐渐浓厚。同时小区中的一些退休老师、医生也积极参与活动，为其他业主提供教育、医疗服务，互帮互助。桐园从业主日常生活所需出发，从社区全年龄结构的不同需求出发，先后投入数十万元，在物业公司的引导之下，发挥居住在桐园的三十多位苏北人民医院、市第一人民医院、中医院主任医师力量，建立志愿者团队。桐园利用专家们的专长，利用他们的业余时间，免费为业主提供健康咨询和健康讲座，为老年业主建立健康档案，定期组织健康体检，实现"医养结合"。同时，社区内成立了志愿者服务团队，得到了老年业主的高度认可，并有多位退休干部加入团队，壮大了志愿者的队伍和影响力。

◎ **实践成效**

小区建设之初就考虑了居家养老需求，吸引了一批老年人。小区改造近2000m$^2$，改造后的桐园小区更加丰富了居民的休闲活动，提高了生活水平，愈发受到老年人和多代共居需求者的青睐，小区内有老年人家庭自住率很高。桐园的做法，不仅得到了小区业主的欢迎和支持，也得到了社区、政府部门的认可，扬州市城建部门领导多次来桐园调研指导，市委、市政府、市政协的领导在到桐园进行调研后给予肯定，兄弟县市、住建厅等相关领导也到桐园视察、调研，交流适老化经验。

**大家声音**

---

业主："桐园不仅有美丽的风景，还有贴心的服务。这个像童话般城堡一样的小区，有属于我们的私人大书房、看得到风景的游泳池、守护我们父母的健康之家、孩子们玩耍的天地，还有琴棋书画汇聚的文化活动中心，让我们可以品味生活的惬意与欢乐。"

物业管理人员："张雷副省长、周岚厅长之前都来考察过我们桐园。张副省长对我们居家养老项目表示了高度的认可，表示这一项目使老年人真真正正地得到了实惠。"

志愿者："住在桐园，我们感觉很幸福，我在各地住了这么多高端的小区，就属桐园让我有归属感，特别是老年活动中心的建设。我愿意在这当志愿者，为我们共同的家园出一份力。"

---

供稿：**徐雷** | 扬州丰盈置业有限公司，总经理　　**蒋百川** | 苏北人民医院东院，副院长
　　　**王强** | 扬州大学医学院，主任医师

# 社区治理创新打造"家门口就业"服务：宿迁市豫新街道

用地面积：0.15 万 m²
建筑面积：0.22 万 m²
房屋产权类型：公房
人口情况：2.8 万人
更新实施时间：2019 年

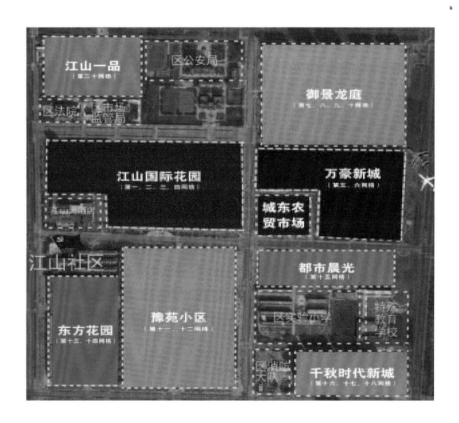

**地点**
宿迁市宿豫区江山大道 54 号

◎ **基本情况**

　　豫新街道江山社区位于宿豫区主城区，由原豫新街道江山社区、豫苑社区及顺河街道两个小区、一个农贸市场合并而成，现辖9个小区、一个农贸市场，共17个网格，总服务人口2.8万。同时，辖区内多为老旧小区与农村拆迁安置住房，在乡风民俗与城市建设的交汇碰撞中，居民的诉求日益多元化，对于如何让这一庞大群体的"诉求不过夜、回复看得见"，成为提高居民满意度和社区网格治理水平急需关注与解决的难点问题。

　　东方花园小区始建于1999年，共有25栋楼，735户居民，总建筑面积10万m²，绿化面积占30%以上。小区党支部建立于2015年4月，现有党员50人，在职党员78人。宿迁市宿豫区豫新街道江山社区在网格化社会治理过程中，深入一线收集民诉民求，多方联动解决民困民难，创新机制提升治理温度，让网格化治理更有温度、更加科学、更多人性化。社区改造了办公活动用房，为老年人提供康体娱乐服务，同时组织社区中的妇女在"家门口"就业，解决中老年女性的就业、收入问题。

豫新街道党群服务中心

◎ 案例特色

### 1. 利用小区"两房"打造党群微家

东方花园小区作为 20 年以上的老旧小区，老年人口占比超过 17%，为了服务好这一群体，支部以党群微家服务阵地为基础，于 2019 年由区民政局向社会购买服务，引进徐州社康集团每天免费给小区老人提供理疗、按摩、健康知识讲座等居家养老服务；此外，还会为辖区内行动不便的老人提供轮椅出租等服务，以细心、贴心、暖心赢得群众的点赞。

小区"两房"改造前后对比

社区公共空间改造前后对比

辖区内存在着空巢老人、失能半失能老人无人照顾的问题，支部向上级申请政策扶持，并成立"老年关爱之家"，在这里每位老人每月只需缴纳 100 元便可以获得一顿"爱心午餐"。饭菜烹饪是由懂得老年人营养搭配的专人负责，保证每周菜品不重样，让老年人吃得开心、放心。支部发动党员、楼长、群众成立"爱晚情"

敬老志愿者服务队，每天中午为行动不便的老年人提供送餐上门服务；针对一些子女不在身边且身体不好的老人，支部联合双结双联单位志愿者每月义务为老年人上门打扫卫生、理发，志愿者会主动询问老人是否有帮办代办的需求。同时，为了激发志愿者服务热情，根据志愿者服务时长累计积分，每个季度组织一次积分兑换活动，志愿者到社区领取相应物品。

"楼栋红管家"开展社区活动

### 2. 打造"三位一体"服务站

实行党支部、业委会、物业公司联合办公，让反映问题的居民少跑路。例如有业主反映屋顶太阳能漏水问题，支部及时交办给物业，同时会同业委会对物业服务进行监督。而对于物业公司无法解决的问题，将通过召开"三位一体"联席会议进行解决（例如，10号楼一业主家中污水管堵塞上涌地板被泡，要求物业赔偿，我们请来社区法律顾问召开联席会议，沟通法律知识，化解了业主和物业公司之间误会），实现一个闭环机制，实现小事不出小区，大事不出社区。

### 3. 建立"楼栋红管家"管理制度

东方花园小区共有25名楼栋长，其中21名为中共党员，他们积极响应组织号召，主动担任楼栋长，成为"楼栋红管家"，每栋楼建立一个微信群，居民有问题可以在群内咨询，楼长及时接单反馈给物业进行处理。每月楼栋长在小区开展一些活动，例如"八乱"巡查、志愿服务等，真正做到服务零距离，温暖在身边。同时江山社区党支部联合豫新医院设立的家庭医生工作站，每周两天给老人义诊、免费测量血糖、血压，指导老人科学用药、健康饮食，保障老年人健康。

#### 4. 齐心协力让居民家门口就业

随着城市化进程的加速，越来越多的"农民"变成了"市民"、有"床位"无"岗位"的情况日益增多。2015年，支部成员到小区入户走访，了解到一位蔡女士在车库里做服装半成品加工，沟通中，蔡女士说"做这个半成品加工不仅每个月可以赚到2000元左右，而且不影响照顾家庭"，支部考虑到辖区有很多妇女因居家照顾老人孩子无法外出务工，便向辖区居民招募有意向做来料加工的居民，组织人员到义乌进行专业培训，培养"经纪人"，帮助链接供货渠道并提供加工场所，招引简单易学、环保无污染的加工项目，协助"经纪人"在辖区内招聘待业妇女来此就业，支部提供房子，"经纪人"根据需求自行改造，东方花园和江山花园共招引了四家"三来一加"项目，服装加工厂和电子蜂鸣器组装，带动附近小区妇女就业，她们在不影响照顾老人孩子的同时可以贴补家用，每月收入两千多元。加工项目一般简单易上手，60多岁的老人都可以做，也可以带回家做。近6年来，"创业客厅"共带动100余位留守妇女就业，年龄从刚开始基本上是50岁左右为主到现在30~70岁不等，切实帮助到辖区妇女实现再就业。

东方花园服装加工厂的经纪人蔡玉叶离异后生活陷入困境，40多岁的她不知道该做什么，经过了一段时间的迷茫期，她就有了创办在家就业的念头。原先她是一位从事服装加工行业的员工，对服装行业比较了解，起初她是自己一个人在干，后在社区的帮助下，她在东方花园二楼开设了"城市创业客厅"，同时联系加工材料，以服装半成品加工、服装配件、熨烫、剪线头等服装来料加工为主，为小区年龄偏大、外出务工困难的留守人员提供工作岗位，现带动剩余劳动力30余人，为居家的四五十岁人员提供一个在家门口创业、就业的创收渠道。改善了以往居民分散在家的工作方式，为居民提供能够有多方来货资源、多种加工方式以及多人共同作业的固定场所，实现了人员集中、资源共享的工作模式。

◎ **实践成效**

豫新街道江山社区在小事"键对键"，大事"面对面"党群议事会的基础上，进一步探索出"平心而论"八方谈网格化社会治理工作机制，与综合执法进小区相结合，使居民反映的问题在公平、公正、公开、透明中快捷有效地解决，这种亲民的工作方式能够在心理上拉近政府与居民之间的距离，各方代表的及时介入、快速处理，将群众的损失减少到最小，以最快速、最直接的方式解决实际问题，居民网络问政量同比下降30%，"平心而论"八方谈有效破解社区治理的痛点，真正做到服务基层零距离。

妇女"家门口就业"工作地点

## 大家声音

志愿者俞建农："自从加入了'余热堂'五老志愿者服务队，每天为其他人服务，我感受到被需要的感觉，生活每天都很充实。"

居民李玉平："我一人在家照顾偏瘫的老伴，比较吃力，每天中午志愿者都为我们老两口送来可口的饭菜，我是真的很开心，感谢组织，感谢党给我们的好生活。"

供稿：**陈艳丽** | 宿迁市宿豫区豫新街道党委委员

# 城市更新行动
## 的江苏宜居实践

TOWARD A LIVABLE JIANGSU：
Practices and Explorations of Urban
Renewal Action

城市更新

◎ 项目分布

◎ 行动概览

· 锚定宜居：江苏特色的住区综合提升

◎ 样本观察

· 聚焦社区"一老一小"：常州市富强新村

· 安全智能的园林住区：苏州市华阳里小区

· 大体量小区的夹缝空间激活：南京市尧林仙居

· 物业管理创新打造和谐社区：江阴市兴澄锦苑

· 重拾集体记忆塑造人文住区：镇江市中营片区

# 3 PART

## 宜居住区建设

■ 项目分布

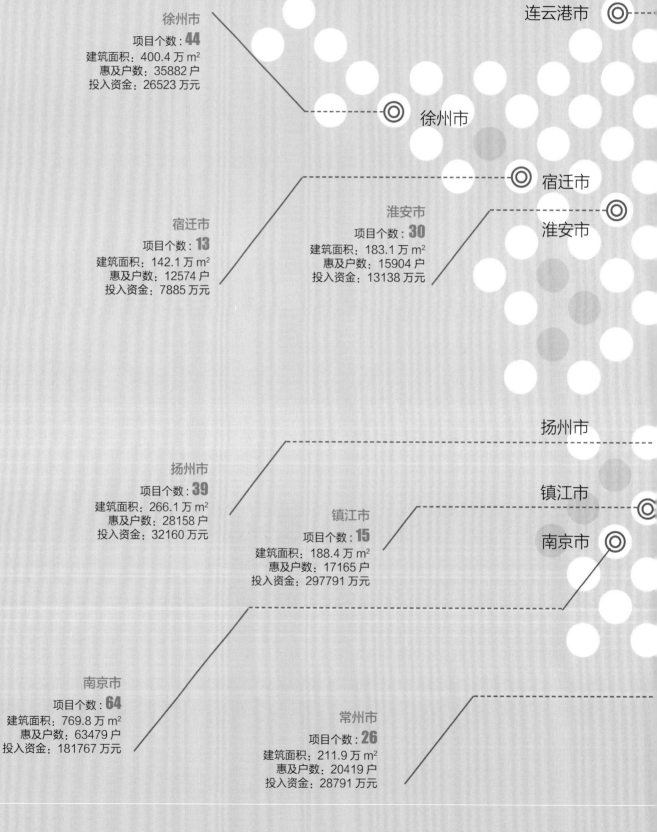

徐州市
项目个数：**44**
建筑面积：400.4 万 m²
惠及户数：35882 户
投入资金：26523 万元

连云港市

徐州市

宿迁市

宿迁市
项目个数：**13**
建筑面积：142.1 万 m²
惠及户数：12574 户
投入资金：7885 万元

淮安市
项目个数：**30**
建筑面积：183.1 万 m²
惠及户数：15904 户
投入资金：13138 万元

淮安市

扬州市

扬州市
项目个数：**39**
建筑面积：266.1 万 m²
惠及户数：28158 户
投入资金：32160 万元

镇江市
项目个数：**15**
建筑面积：188.4 万 m²
惠及户数：17165 户
投入资金：297791 万元

镇江市

南京市

南京市
项目个数：**64**
建筑面积：769.8 万 m²
惠及户数：63479 户
投入资金：181767 万元

常州市
项目个数：**26**
建筑面积：211.9 万 m²
惠及户数：20419 户
投入资金：28791 万元

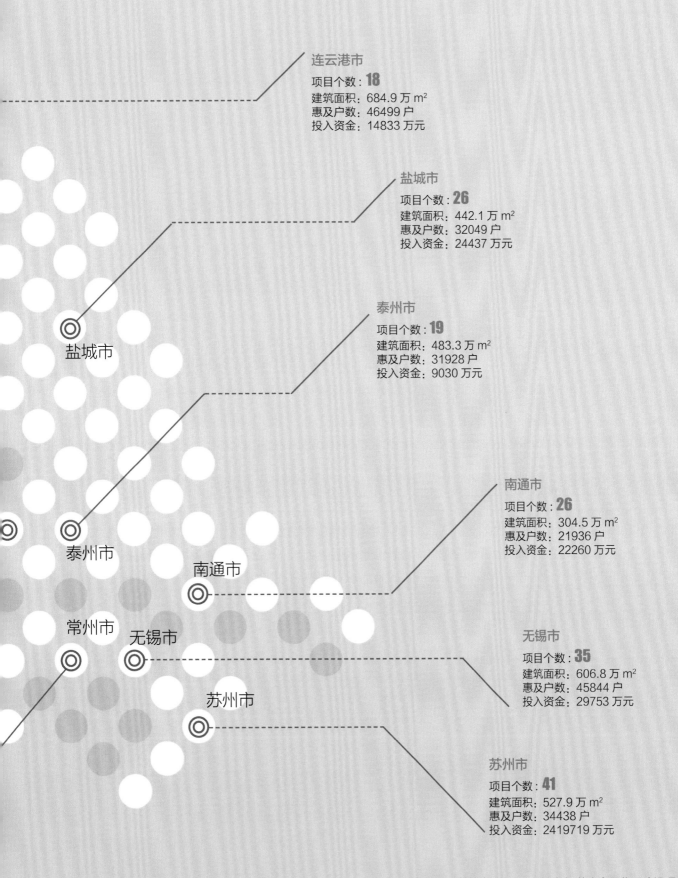

连云港市
项目个数：**18**
建筑面积：684.9 万 m²
惠及户数：46499 户
投入资金：14833 万元

盐城市
项目个数：**26**
建筑面积：442.1 万 m²
惠及户数：32049 户
投入资金：24437 万元

泰州市
项目个数：**19**
建筑面积：483.3 万 m²
惠及户数：31928 户
投入资金：9030 万元

南通市
项目个数：**26**
建筑面积：304.5 万 m²
惠及户数：21936 户
投入资金：22260 万元

无锡市
项目个数：**35**
建筑面积：606.8 万 m²
惠及户数：45844 户
投入资金：29753 万元

苏州市
项目个数：**41**
建筑面积：527.9 万 m²
惠及户数：34438 户
投入资金：2419719 万元

盐城市

泰州市

南通市

常州市　无锡市

苏州市

数据为 2019—2020 年江苏省宜居住区建设项目

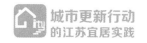

■ 行动概览

# 锚定宜居：江苏特色的住区综合提升

◎ 从适老专项到宜居综合

宜居是人类永恒的追求。住区是人们居住栖息的家园，承载着人们对美好生活的追求与向往。建设宜居城市首先要建设宜居小区。住区功能品质的改善和提升，涉及老百姓民生实事的具体行动落实，也是推动城市高质量发展的首要任务。

2018 年，江苏城镇化率为 69.6%，城市建设已经从关注增量扩张向存量优化提质转变，从过去解决"有没有"转向现在解决"好不好"。对照党的十九大提出的新思路、新时代社会主要矛盾的新转变、城乡建设高质量发展的新要求，既有居住区尤其是 2000 年前部分老旧小区的环境和居住功能还不能满足居民对美好生活的需要，整体居住区宜居水平仍需提升，人民群众的住房条件、居住区宜居性和获得感仍不平衡、不充分。

在先前适老住区专项工作的基础上，江苏省逐步转向系统推进综合工作，并于 2018 年在全国率先提出了建设宜居示范居住区。《江苏省政府 2018 年工作报告》将"改善居住环境，加强城市'双修'，开展老旧小区环境综合整治，推动多层老旧住宅加装电梯等适老化改造，建成 100 个省级宜居示范住区"列为 2018 年十项民生实事之一。江苏省住房和城乡建设厅印发了《关于加强老旧小区环境综合整治 推进宜居示范居住区建设工作的指导意见》（苏建房管〔2018〕175 号），明确了推进宜居示范居住区建设的重要意义、总体目标以及实现路径等。

自此，江苏的宜居示范居住区建设正式拉开帷幕。

◎ 构建宜居住区的"江苏范式"

开展民意调查，了解群众意愿。坚持以人民为中心的发展思想，多渠道、全过程征求群众对宜居住区建设的意见建议。2018 年，江苏省住房和城乡建设厅组织开展了城市居民改善住区意愿的专题调查，实地调查约 130 个住区，与近 3000 名居民面对面访谈，发放 1800 份网络公众问卷调查。各地也结合实际，采取多种形式，听取群众意愿。例如，无锡市采取"社区圆桌会议"，深入了解居民改造诉求，针对性提出改造方案。实践表明，群众意愿了解越充分，宜居住区建设工作的切入点就越精准，实效就越好。

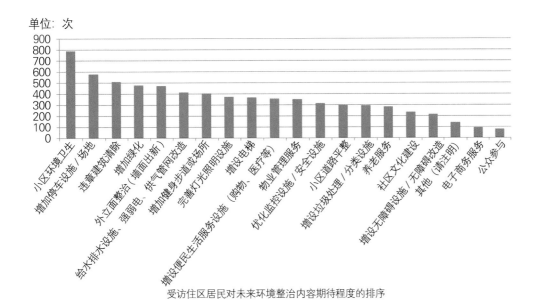

受访住区居民对未来环境整治内容期待程度的排序

开展系列研究，强化技术指导。江苏省住房和城乡建设厅组织编制了《江苏省宜居住区建设（老旧小区改造）评价办法》《关于 2019 年全省宜居住区建设（老旧小区改造）项目评价工作的报告》等，并建立了宜居住区建设信息平台。还推动了地方进一步深入研究，制定出台系统改善百姓宜居环境的规范性办法，如《苏州市宜居示范居住区评价办法》《扬州市老旧小区宜居住区建设改造内容和标准》。

《江苏省宜居住区建设（老旧小区改造）评价办法》中的分类评价体系

加强工作指导，分类推进建设。确立"重点支持 2000 年前的老旧小区、鼓励 2000 年后的既有居住区、引导新建居住区建成宜居示范住区"的总体思路。重点针对 2000 年之前建成的老旧小区，提出省级宜居示范居住区"十有十无"的改造重点，围绕安全有序、环境整洁、便利舒适、功能完备、管理规范的目标"补短板"。针对 2000 年后建设的既有居住区，按照居住舒适安全、设施配套完善、环境优美宜人、服务优质便捷以及睦邻共建共治的目标"改善提升"。

| "十有"要求 | | "十无"要求 | |
|---|---|---|---|
| ·有整洁小区环境 | ·有畅通消防通道 | ·无危险房屋 | ·无乱停车辆 |
| ·有规范停车场所 | ·有安防设施设备 | ·无违章搭建 | ·无乱贴广告 |
| ·有无障碍化设施 | ·有规范物业服务 | ·无乱堆杂物 | ·无破损道路 |
| ·有安全供水供气 | ·有公众参与机制 | ·无乱拉电线 | ·无排水不畅 |
| ·有基本消防设施 | ·有住区文化建设 | ·无屋面渗漏 | ·无损毁绿地 |

"十有十无"改造重点

聚焦民生实事，推动任务落实。"宜居住区建设任务完成率"被纳入高质量发展监测评价指标体系当中，作为考核各地高质量发展的重要依据。根据江苏省政府部署要求，江苏省住房和城乡建设厅细化工作目标，分解下达任务，建立工作联络机制，健全月报和通报制度，召开全省老旧小区综合整治和宜居住区创建现场推进会，组织开展现场检查、技术指导、项目评价等工作，推动各地各有关部门各司其职、狠抓落实。

## ◎ 打造高质量的理想人居样板

自 2018 年宜居住区建设工作开展，三年来，江苏先后推进 270 个省级宜居示范居住区建设。截至 2019 年底，全省宜居示范居住区建设项目投资总额超过 40 亿元，总建筑面积 3200 万 m²，惠及户数超过 24 万户。

通过整治环境、完善功能、提升品质、规范服务等措施，老旧小区普遍存在的基础设施老化、公共服务配套短缺、居住环境脏乱差等问题得到了有效解决，既有住区、新建住区的多元化现代生活需求得到了有效满足，居民生活品质、幸福指数大幅提升，展现了通过有机更新实现存量改善、百姓安居宜居住区的现实模样。

居住环境明显改善。在省级宜居示范居住区建设过程中，环境卫生条件得到明显改善，公共活动空间得到增补和美化。结合老旧小区内人口老龄化程度较高的现状，鼓励各地探索开展加装电梯、无障碍环境建设等适老化改造，探索全龄友好住区的建设。如常州市富强新村围绕"一老一小"，开展无障碍化改造，配置养老服务用房，增补老年人健身广场，为居民购买0~3岁托幼服务、亲子课程等。再如镇江市京口区中营片区对闲置地块进行挖潜，分别改造为活动广场、停车场和健身场地，补齐功能短板。

功能品质显著提升。积极推动实施居住区内建筑节能、垃圾分类、海绵技术、停车便利、智能充电等系统化工程建设，高标准建设宜居示范居住区，积极探索绿色、智慧等宜居可能。如苏州市华阳花苑通过安装电子围栏、高清监控摄像头、烟雾报警器、消防通道占用地磁报警器等方式，增加智能安防设施，建设智慧住区。再如无锡市沁园二社区采用海绵城市理念改造小区内景观，利用雨水收集系统回用雨水，再利用管线铺设增加喷淋对小区绿化进行补水。

长效机制建立健全。推行长效管理机制是巩固宜居住区建设成果、改善居民居住环境的根本措施。如常州市金坛区北园新村引入了物业管理服务公司，并形成了特有的"1+T"物业管理模式。"1"即一个社区一个物业企业，"T"即每个物业管理区域内的业委会（物管会）、网格长、网格员、网格志愿者等。"T"开展小区的巡查工作，认真做好排查督促工作，发现问题，及时上报、及时处理。通过这种管理模式，做到横向到边、纵向到底全方位不留死角对小区进行长效有序的管理。此外，还通过建立民意采集点、设置民情恳谈室、召开民意听证会、聘任居民协调员等形式，探索形成了一套完整的居民参与机制。

## ◎ 结语

人类对宜居的追求无止境，宜居示范居住区的建设也永远在路上。对照人民群众对美好生活的需求、对宜居住区的期待，如何进一步整合条线改善需求、集成引导城市住区系统性宜居化改造，实现"实施一块即成熟一块"的城市基本单元有机更新？如何探索不同历史时期的居住区在项目组织、空间挖潜、资金共担、治理创新等方面可复制、可推广的改善提升路径？这些都是宜居住区建设所面临的挑战。与此同时，在实践过程中，老旧小区作为百姓急难愁盼问题较为集中的空间载体，日益受到关注和重视，成为下一阶段江苏改善民生的城市更新重点。

# 聚焦社区"一老一小"：常州市富强新村

**用地面积：**4 万 m²

**建筑面积：**7 万 m²

**建成年代：**20 世纪 90 年代初期

**房屋产权类型：**商品房

**人口情况：**626 户，1618 人，其中 60 岁以上人口占比 27%

**更新实施时间：**2018 年

**地点**

常州市市天宁区中吴大道 1105 号

◎ **基本情况**

富强新村东区建造于 20 世纪 90 年代，位于中吴大道南侧，东到张墅桥，西邻红梅南路，南靠离宫路，占地面积 4 万 m²。根据最新统计数据，目前户籍人口 1080 人，常住人口 1618 人，其中 60 周岁以上户籍人口 293 人，占比超过 27%。小区长期以来面临交通拥挤、活动空间小、基础设施陈旧、服务力量单一等问题。

2018 年，茶山街道启动了富强新村宜居示范居住区改造项目，力求为全体居民营造一个健康舒适的宜居环境。项目以"居住宜老、设施为老、活动便老、服务助老、和谐敬老"为标准，对公共环境、配套设施、服务体系以及符合条件的老年人家庭住宅等进行适老化改造和提升。具体包括：健身休闲广场改造、部分停车位改造、休闲景观和健康步道的增设等。

2021 年 3 月 25 日，时任国务院总理李克强来到江苏省常州市天宁区茶山街道富强新村考察。在富强新村广场，李克强总理对大家说，社区提供养老、托幼服务，既能方便老人孩子得到就近照护，又让在外打拼的上班族感到安心。老年人有幸福的晚年，年轻人才有可预期的未来。总理的殷殷期盼，让社区备受鼓舞。2021 年 6 月，为进一步提高服务功能，富强新村小区活动中心启动再改造再提升项目，包括对小区内现有的两处服务用房进行加固改造，外部环境和基础设施改造，维修房屋外立面，提升公共厕所、停车位，弱电入地，整修道板等。

◎ **案例特色**

**1. 改造社区用房，服务"一老一小"**

富强新村小区利用小区内现有的两处服务用房进行加固改造，将居家养老服务站改建成托幼中心，将现有的两层社区配套用房改造为开放式、多元化、全龄段的社区服务新空间。

2021 年 6 月到 8 月底，富强新村完成了生活驿站和托育亲子中心的改造，可以说是将"一老一小服务站"真正融入小区里面。同时茶山街道通过政府购买服务，分别针对老人、幼儿，引进"椿熙堂"和"宝贝盛宴"托育服务中心，为"一老一小服务站"提供社会化服务。

改造后的社区用房

### 2. 基础设施升级，让居民生活更幸福

居民广场，从地面、周围环境、功能等方面都做了较大提升。地面按象棋棋盘的格式，将原来破损的小块瓷砖更换成了大块的防滑花岗石，在广场周围铺设鹅卵石健身步道，在广场外围安装各类健身器材、休闲座椅，让老年人健身休闲两不误。初心广场结合"党史教育"等元素，打造集党建引领、文化宣传、休闲娱乐于一体的红色阵地。

休憩游廊改造前后

小区广场改造前后

北门的休闲长廊也被改造成党群连心廊，以群众喜闻乐见的形式，将党建、精神文明、社区建设发展等内容做成宣传版面，供大家赏读、学习。在长廊顶部加装顶棚，长廊两边安装扶手和座椅，方便老年居民三五相邀小坐。

### 3.公共环境升级，让居民生活更安心

在适老改造过程中，整合部分绿化带，进行景观式改造。铺设草坪砖，增加了143个停车位，使小区内东西、南北向主干道保持畅通，打开了一条绿色生命通道。设计师通过在小区内增设"一米花箱"，以弥补在改造过程中被改掉的绿化。这些花箱内种植了一批适宜老年人的观赏类植物，并交由群众自愿认养，这样既有益于老年人的身心健康，又提高了居民参与社区治理的积极性。

富强新村建造于20世纪90年代，房屋老化现象特别严重。富强新村36幢发生了墙皮剥落，不仅影响美观，更给小区居民带来了安全隐患。网格员发现问题后，社区立即将此事上报街道，街道物业管理部门牵头制定解决方案。为顺利推进外墙整治工作，社区党总支先后召开5次四方协商会议。经过宣传引导，36幢居民同意采取"自筹资金10%+政府补助90%"的方式对外墙进行维修。6月10日，36幢外墙维修工程正式实施。

小区入口改造前后

部分居民楼改造前后

#### 4.户内无障碍改造，让居民生活更舒适

为了方便老年人的出行，对改造范围内住宅楼的 64 个单元，根据技术标准进行了无障碍设计改造，在楼道口增设无障碍坡道，在楼道内增设了扶手和座椅，以缓解老年居民上下楼梯的劳累之苦。

社区本着自愿、公平、公开的原则，对小区内符合条件的独居、空巢老年人家庭进行室内的适老化改造。改造将充分考虑老年人的心理生理特点，减少住宅内跌倒、失火、触电、中毒等意外事故的发生。

户内适老化改造前后

#### 5.健全长效管理，让居民生活少烦心

结合日常的消防宣传、消防演习等活动，建设了微型消防室，配有灭火器、安全帽、消防斧、灭火毯等消防器具。2019 年，引入众盈和泰物业管理公司，巩固改造成效，实行老小区长效管理。结合居民意愿，由街道、社区党委帮助物业公司组建党支部，注重发挥老旧小区党员、干部、业委会代表和楼道长的带头作用，要求社区干部、网格员协助物业公司主动入户沟通、消除信任障碍。试点建立以社区党委为核心，居委会、业委会、物业公司共同参与的"四位一体"物业服务管理工作机制，充分发挥党组织战斗堡垒和党员先锋模范作用，主动深入社区，掌握社情民意，召开联席会议，反映业主诉求，协调解决问题，满足群众需求。

小区监控室　　　　　　　　　　　　　物业在清洗垃圾分类亭

### 6.引入外部资源，服务周边居民

生活驿站有大厅、用餐区、日间照料室、助浴间、理发间、书画厅、艺术厅、棋牌室、阅览室等，老人们来到这里，不仅可以看书看报、参加活动，还能享受由第三方养老服务机构"椿熙堂"的工作人员提供的专业的订餐、助浴、理发等服务。在离生活驿站不到50m处，富强新村社区托育亲子中心同步开放。

 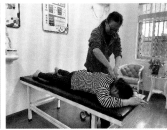 

助餐服务　　　　　　　经络按摩　　　　　　　社区托幼

## ◎ 实践成效

### 1.人居环境改善

富强新村利用社区中的空地，将其改造为公共休闲空间，对小区内现有的两处服务用房进行加固改造，联动考虑房屋之间的活动广场，将居家养老服务站改建成托幼中心，利用现有的两层社区配套用房，嵌入全年龄段生活驿站理念，打造开放式、多元化、全龄段的社区服务新空间。还对外部环境和基础设施进行改造，维修房屋外立面，提升公共厕所、停车位，弱电入地，整修道板等，生活环境得到极大提升。国家卫生健康委老龄司公布2021年全国示范性老年友好型社区拟命名名单，其中就有富强新村社区。

### 2.人群结构变化

在托幼中心、服务中心改造完成后，更多的老年人选择留下来安享晚年，同时不仅是富强新村，同社区其他小区的年轻人也愿意将孩子留下接受托幼服务。

### 3.投资就业带动

茶山街道于2018年初对富强新村老小区进行宜居住区改造，总投入近1000万元。每年投入近60万元，为辖区内居民购买0~3岁托幼服务、亲子课程、文体培训、专业上门居家服务、养老服务，医养服务等；投入20万元为老年人提供助餐、助浴等为老服务。引入国内知名养老服务品牌"椿熙堂"养老服务管理公司，投入150万

元在街道范围内设立1个街道级中心站点，3个社区级站点，服务范围覆盖全街道。其中，富强新村站点依托社会化运行，为空巢、独居、高龄、失能半失能老人提供理发、剪指、体检、经络按摩、心灵慰问等服务。2020年，富强新村站点全年上门服务1250人次，开展助餐4800人次，助浴60人次，义务理发360人次。开展社区文化主题活动264场，服务6828人次。目前，椿熙堂养老服务公司依托政府购买，站点收支达到平衡。

为进一步深化社区治理，社区与卫生服务中心合作，发动居民成立健康自我管理小组，在提供公共卫生健康服务包的基础上，根据居民需求提供个性化的有偿健康服务包，每周进行义诊服务，每年开展至少10次以上健康教育活动，家庭医生签约上门服务也有序展开。2019年7月，引入"众盈和泰"物业管理公司，实现老小区社会化物业管理。物业公司主要以小区120个停车位（每个车位120元/月）和物业费（100元/户·年）、小区广告收入来达到收支平衡和盈利。此外，小区内还配有多处便民服务点，均由小区居民自主创业，不仅便利了全体居民，更解决了就业问题。

### 4. 城市活力激发

2018年至今，共接待省级以上单位参观调研十余次，省内单位百余次。2021年3月25日，时任国务院总理李克强莅临视察，对富强新村的多元化服务特别是"一老一少"给予了极高的评价。

富强新村西区（47~53幢）位于富强新村东区的西面，仅有一条马路之隔，始建于20世纪90年代，期间从未进行改造。由于东区居民改造意愿强烈，茶山街道启动5年老小区改造计划。

**大家声音**

家住富强新村35幢的王奶奶坐在石凳上和邻居们聊天："我们生活在这个社区真的非常幸福，家里都有智能的东西，感觉不舒服，小孩不在家，你只要摁一下，椿熙堂（养老服务管理公司）马上就会有人来。"

旁边的李奶奶也说："改造后的富强新村，面貌换新了，楼上的小夫妻卖房也卖出了个好价钱，还是要感谢政府，感谢党呢。"

家住富强新村37幢的王女士说："家门口开了亲子托育中心，我们可以带宝宝来免费上早教课，为我们分担了一部分育儿压力，缓解育儿的焦虑。"

新市民毛女士说："现在0~3岁的亲子早教服务整体来说收费较贵，但现在我们小区的宝宝能免费上到亲子早教课，家长们都非常高兴，因为减轻家庭的经济压力。"

供稿：**缪逸** | 常州市天宁区茶山街道富强新村社区居民委员会　**张珏** | 常州市天宁区茶山街道富强新村社区居民委员会

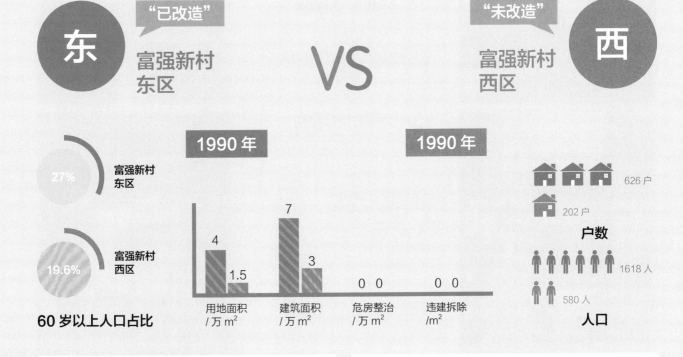

东 "已改造"
富强新村
东区

VS

"未改造" 西
富强新村
西区

1990 年

1990 年

27% 富强新村
东区

19.6% 富强新村
西区

60 岁以上人口占比

用地面积
/ 万 m²  4  1.5
建筑面积
/ 万 m²  7  3
危房整治
/ 万 m²  0  0
违建拆除
/m²  0  0

626 户

202 户

户数

1618 人

580 人

人口

建造于 20 世纪 90 年代，是典型的老旧小区，房屋老旧，
管理困难，人口老龄化程度高，目前已经过三轮改造

与东区只有一条马路相隔，地理区位基本相同，住宅高度
形制、建成标准、建成时房价一样，尚未进行改造

**房屋建筑**

建筑
改造

风貌
感受

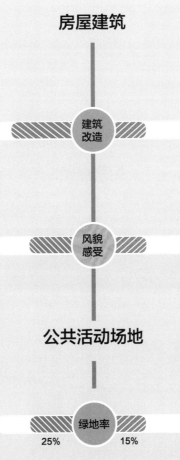

**公共活动场地**

绿地率

25%    15%

## 公共活动场地

宜人
程度

## 交通出入环境

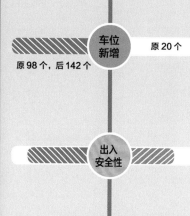

车位
新增

原20个

原98个，后142个

出入
安全性

## 物业管理

| 社会化物业管理（改造后）政府托底（改造前） | 物业管理类型 | 居民自管 |
|---|---|---|
| 2019 年 7 月 | 物业公司入驻时间 | |
| 100 元 / 年·户 | 物业费 | 无 |
| 20% | 物业费收缴率 | 无 |
| 改造前无；改造后有多个固定垃圾分类用房，占地面积 20m²，有垃圾分类积分兑换激励措施（爱回收等） | 生活垃圾分类情况 | 无 |

## 配套服务

| 1000m² | 社区活动用房建筑面积 | 无 |
|---|---|---|
| 500m² | 老年人服务设施建筑面积 | 无 |
| 商业便利、理发、助餐、助浴、家政、紧急救助等 | 便民服务提供情况 | 前往东区参与 |

**房价变化**

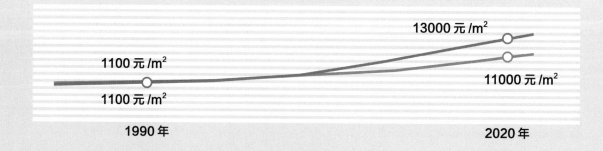

13000 元 /m²

1100 元 /m²

11000 元 /m²

1100 元 /m²

1990 年

2020 年

**大家声音**

富强新村缪主任："富强新村东区因场地多、改造条件好而优先改造，除了房屋、道路、管网，还改造了党群服务中心、亲子中心服务社区的老人与儿童，一老一小特色明显，西区居民也经常过来使用。"

富强新村西区居民："富强新村东、西两个区同一时期建造，就隔着一条马路，而东区已经经过了两三轮的改造，居民不需要出钱，西区自建造完成后未进行改造，如今两边的房价已经相差近 2000 元 /m²，西区居民都强烈要求将西区改造得和东区一样。"

## ◎ 小结

1. 富强新村东、西两区同一时期建成，地理区位基本相同，住宅高度形制、建成标准、建成时房价一样。因为东区公共用房、场地较多，改造条件好，所以优先改造；东区经过多次改造，而西区尚未改造过。

2. 富强新村东区在进行空间改造中，更多关注社区中的老人、孩童，将社区办公用房改造为党群活动中心向老年人提供服务，将传统养老模式转变为机构养老 +居家养老；改造的亲子活动中心不仅受到本小区家长孩子的欢迎，并向整个社区的孩童开放，增强了社区的联系。

3. 空间改造上，东区主要进行了路面改造、墙面美化、线路下地、公共空间改造等，整体提高了小区的环境水平，重点解决居民日常的居住、出行、交通问题，与此同时也关注到小区中交往、健身、活动的需求，因地制宜改造出了多处活动场地。

4. 管理思路上，富强新村东区的管理思路正由"政府包揽"走向"居民、政府共同承担"，在房屋改造方面政府引导居民出资 10%，虽然目前只有小部分居民支持并出资，但这一举措正让改造过程变得可持续化。在物业管理方面，引导居民少量出资并提高物业服务质量，逐步形成居民逐步交费—物业提高服务水平的正向循环。

# 安全智能的园林住区：苏州市华阳里小区

用地面积：2.5 万 m²
建筑面积：3.2 万 m²
建成年代：1999 年
房屋产权类型：商品房
人口情况：176 户，672 人，其中 60 岁以上人口占比 35%
更新实施时间：2020 年

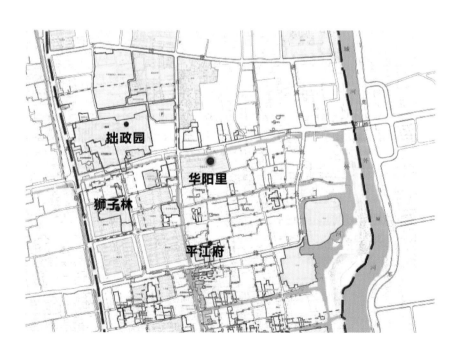

**地点**
苏州市姑苏区平江路东北街 59 号

◎ 基本情况

　　华阳里靠近苏州平江历史街区，地理位置优越，北靠东北街，西接平江路，周边环绕众多历史文化遗产，离四大名园之首拙政园仅 200m，离狮子林也不到 600m。小区建于 1999 年，共有多层住宅 11 幢，居民 176 户，建筑面积 3.2 万 m²，占地面积 2.5 万 m²。虽然众多苏式园林及历史文化遗产皆近在咫尺，但小区历经 20 多年的使用，陆续出现墙屋面破损渗漏、道路坑洼损坏、管道线路混乱、绿化缺失等问题；同时由于原有设计标准低，小区道路狭窄，上下班时段道路拥堵，通行困难，居民改造意愿强烈。本次改造在充分调研的基础上，着力完善基础设施，改善居住条件，提高环境品质，打造苏式园林住区，延续苏式生活典范。

◎ 案例特色

### 1. 增设智能安防设施，打造智慧社区

　　安装高清监控摄像头：废除小区原有的陈旧、模糊的模拟系统摄像机，在小区出入口、主干道、围墙周界、人员集中活动区域、集中停车区域、垃圾分类箱等位置新建高清数字摄像机 54 台，并新建监控室专人值班。

　　增设外围墙周界报警系统：在小区外围墙新安装电子围栏 150m，当围栏导线任意相邻两根发生短路、剪断任意一根或触摸任意一根时发出报警信号。

　　新增自动人行道闸及机动车道闸：机动车出入口实行一进一出单车道，中间设置安全岛。配置车牌识别摄像机、车辆抓拍摄像机，人行道和机动车道实行分流提高通行安全，配置双向人像抓拍摄像机进行人脸识别通行。

大门智能门禁系统改造前后对比

增加智慧消防系统：采用物联网技术和无线通信技术，在小区公共楼道及电动车充电车库安装烟雾报警器53个，安装消防通道占用地磁报警器40个，这些信息被系统集成在一起，实现区域的车位诱导、车位管理计费、占用分析报告和停车位优化等功能。

增设微型消防站：在小区2个门卫室各增设1个微型消防站，微型消防站占地面积小维护简单，内含灭火器、消防扳手、消防带等，便于火情发生时快速反应，可以作为小区消防系统的有效补充。

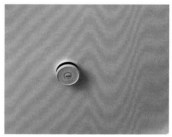

| 无线烟雾报警器 | 无线地磁报警器 | 门卫室微型消防站 |

### 2. 打造园林式小区，延续苏式生活典范

华阳里小区位于历史文化底蕴深厚的苏州老城区内，改造以重拾姑苏文化自信，重温园林情怀，再现江南园林艺术风采为建设理念，借鉴传统建筑中"三进式"院落的布局方式，中央景观游园采用"三进庭院"的设计手法。每一进庭院营造不同的文化意境与景观氛围：一进粉墙黛瓦、高门大院；二进曲廊亭榭、湖石岛影、山水禅院；三进古藤老树、悠然自得。景观规划取苏州建筑、园林布局之精髓，造园置景之功法，在人文情感上符合中国传统文化礼制，江南园林的山水意境；在使用功能上符合现代人们的生活行为习惯。华阳里居民中老龄化现象严重，改造重点考虑老年人对景观场地的功能需求和情感诉求，除大量布置适老化设施以外，同样兼顾场地采光、夜间照明、无障碍设计、适度活动健身器材等。

游园门厅改造前后

房屋立面改造前后

苏州有着深厚的园林文化底蕴，造园技艺、思想博大精深，每一位苏州人身上都有浓浓的园林情节。身处姑苏，园林故事是人们津津乐道的美事，通过对华阳里小区的景观改造提升，园林文化赋予新的时代精神，在满足了居民对场地功能需求的前提下，更能直观地感知园林、亲近园林、享受园林带来的美好生活。

| 楼幢号牌 | 道路指示牌 | 楼道单元牌 | 安全提示牌 |

### 3. 注重绿色节能，实现低碳发展

选用反射隔热外墙涂料：小区外墙涂料采用反射隔热仿石涂料，具备优良反射隔热功能，能够充分节约室内能源并实现降碳减排。

更换双层中空玻璃窗：小区原公共楼道窗为单层玻璃窗，冬冷夏热，改造时统一更换成双层中空玻璃铝合金窗，既能隔声降噪又能减少能源浪费。

安装各类节能灯具：小区选用太阳能灭蚊灯并替换楼道原有白炽灯为 LED 节能灯，每个楼道用电由原来的 300W 降低到仅 42W，重新安装 LED 节能路灯，由原来的每杆 100W 以上降低到每杆 30W，通过各类节能灯具的使用，既大量节约使用成本同时也大大减少能源浪费。

| | |
|---|---|
| 太阳能节能灭蚊灯 | 楼道节能窗 |

#### 4. 党建引领、纪监民联动监督小组共同推动小区改造

老旧小区改造涉及居民面广量大，碰到的问题众多。姑苏区住建委充分发挥基层党组织的战斗堡垒作用，组建临时党支部，统筹设计、施工、监理等参建单位，充分发挥属地街道社区、业委会、物业服务企业、其他共建单位的力量，通过召开临时党支部会议、党员先进模范岗等形式，收集居民改造需求，解决改造实际矛盾，推动改造各项事宜顺利进行，形成决策共谋、建设共管、效果共评、成果共享的模式。

为加强重点工程的廉政风险把控，姑苏区住建委创新监督方式，聘请居民成为义务监督员，与社区联动，实施"纪监民"联动监督。以"居民事居民监督"的形式，重点对改造工程项目的廉政风险、工程质量与进度、安全施工、文明施工等内容进行全程监督，及时发现施工中存在的问题，提出合理化意见和建议，推进问题解决形成闭环，打造群众身边工作清廉、工程优良的民生实事工程，进一步增强工程项目的透明度和群众参与度。

| | |
|---|---|
| 临时党支部、义务监督员检查项目现场 | 居民捐赠石桌石椅共建美好家园 |

◎ **实践成效**

#### 1. 人居环境改善

改造后更加适老宜居。新装楼道适老化木扶手613m，楼道休憩座椅35个，方便了老年人日常出行；新增室外园林式景观廊亭休闲场地约1100m²，含靠背座椅，

极大提高了居民室外活动舒适性；小区道路均设置无障碍坡道，实现无障碍全面覆盖。

改造后行车更通畅，停车更便捷。通过改造，适当拓宽机动车道，合理设置单向行车道，充分利用树下等闲置空地设置停车位，改造后小区总停车位达到154个，停车配比达到0.8。小区各类道路指示标牌、安全文明提示标牌齐全，道路指示标线、警示标线施划清晰；机动车实现车牌识别，人行通道实现人脸识别，居民日常生活更便捷有序。

改造后更安全有序。通过完善补充消防系统，增加智能安防监控系统，新装小区路灯及楼道灯等，小区环境安全得到有力提升。

改造后配套更丰富便捷。通过改造，协助物业修缮电动车充电车库，引入配置快递收件箱、生鲜柜；整理装修闲置居民活动室120m²；依托社区，周边配置超市、卫生服务中心、公共厕所、养老院、幼托所等。

改造后，小区房价上涨近5000元/m²，更好的环境吸引更多人入住，也提高了房屋交易活跃度。

### 2. 人群结构变化

改造前，小区适老化设施少且缺乏合适的闲坐聊天及健身空间；改造后，增设了大量的适老化扶手和座椅，新建游园内亭台廊轩小巧精致，花草树木错落有致，老年人可以在这里含饴弄孙，悠闲自在。依托周边养老院、卫生服务中心、超市等，

楼道新增安全扶手

道路改造效果

修缮居民活动室

引入快递收件箱等

小区成为颐养天年的好地方。同时经改造后，增设停车位，引入"食行生鲜"、快递箱等年轻人乐于接受的设施，小区愈发受到老年人和多代共居需求者的青睐，目前三代及以上家庭占比达到30%。

### 3. 投资就业带动

小区改造投入约2600万元，高峰施工时施工人员上百人，既促进农民务工人员就业，也促进周边商业及餐饮消费。同时，小区改造所需的材料、设备也促进了相关行业的发展。此外，通过引入电动车充电、快递箱等方式，邀请企业参与共建，企业能够获取长期稳定的客源，从而得到长期收益，有利于企业进行再投资。而通过增设停车位及广告空间，物业收益增加，能够招聘更多的人员提供更好的物业服务。

### 4. 其他

华阳里极具特色的园林式改造吸引了众多目光，一时成为"网红"小区，小红书、学习强国、抖音等各式媒体都能看到华阳里改造后的靓丽身影。小区改造完成后，居民幸福指数高，各地都来人来函进行参观考察，2021年4月，住房和城乡建设部领导调研华阳里小区，并对小区改造给予充分肯定。

住房和城乡建设部领导调研小区改造

连云港领导参观小区改造

**大家声音**

张师傅："我在华阳里住了近20年了，做梦都没有想到小区会被改造得这么漂亮，大到小区大门、房屋外立面、路面、游园，小到地下管道、车库、单元防盗门，每一项变化都真真切切改到了大伙儿的心坎上。"

小区物业："现在有了智能管控平台，我们物业的工作获得了极大的方便，感谢政府为人民提供更好的生活条件。"

朱阿姨："我把小区改造后的样子发到朋友圈后，亲戚朋友都点赞，都说要来参观呢！这下有得忙了。"

参观团成员："住在这边太惬意了，这个房子现在还有没有人在卖呀？"

《姑苏晚报》："感觉自己住到了园林里。"

供稿：**胡远万**｜苏州市姑苏区住房和建设委员会

# 大体量小区的夹缝空间激活：南京市尧林仙居

**用地面积**：22 万 m²
**建筑面积**：27.55 万 m²
**建成年代**：2003 年
**房屋产权类型**：安置房
**人口情况**：97 栋房屋，3623 户，11621 人，其中 60 岁以上人口占比 14%
**更新实施时间**：2019 年

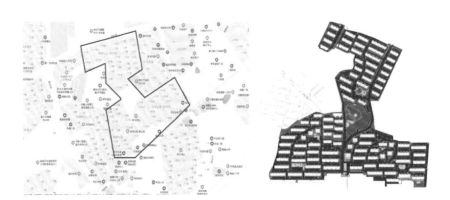

**地点**
南京市栖霞区尧佳路 23 号

◎ **基本情况**

尧林仙居小区建设年代较早，存在房屋屋面及外立面大面积渗漏、道路严重破损、窨井盖破损、非机动车乱停乱放、车辆乱停、绿化不足等问题。小区常住人口超过 1 万人，内部存在废弃地、边角地，休闲空间缺乏，居民群众对于小区改造的需求愿望强烈。小区改造主要围绕治理卫生环境、加固修缮房屋、打造安全环境、完善停车设施、改善基础设施、强化适老改造和规范物业管理等 8 个方面进行打造，从大局设计，从整体规划，从细节把控，环环相扣。

为增设休闲空间，在小区改造前期，设计团队坚持问计问需于民，着力解决民生刚需，将原先废弃山体，通过合理设计，提升改善成为山体公园，成为居民群众休闲娱乐的好去处。

◎ **案例特色**

**1. 打破围墙分隔，激活夹缝空间**

小区北侧围墙不规则，致使小区内部无空间，外部道路只能车行，人车不分流。宜居建设办通过召集两个小区管委会、业委会、社区及居民代表等进行多轮沟通，转变两个小区居民"改造只能在围墙内"的固有思想；小区内增加停车位，打通循环路，小区外增加一道人行通道；两侧居民共用 8 组照明灯和监控。而小区西侧围墙沿线有尧林仙居、新城佳园、三公司、南空部队用地，几家单位公用围墙，围墙间形成废地，这里杂草丛生，居民私自种菜，乱象严重。多个围墙之间有"夹缝空间"，形成废弃场地，环境脏乱差。改造过程中先后通过向南京空军后勤房管处、南京高科置业有限公司、中建八局三公司等三方发放告知函，通过有效沟通协商，克服了围墙产权、规划红线和土地权属问题，最终实现由几家单位共用一道围墙，围墙进行加固，消除安全隐患；拆除违建披棚，清理堆放杂物，暗沟变明沟；安装监控系统，为小区内部打通循环路，为小区增加 30 个停车位。

围墙改造前

围墙改造后

边角地带打通前　　　　　　　　　　　　　　　边角地带打通后提升为休闲区

### 2. 因地制宜，让小荒山变"后花园"

在尧林仙居小区内部，原本有一座废弃渣土山，为小区建设初期渣土堆砌地，周边工程出土都运往这里，过去多年杂草丛生，树木茂密杂乱，小区居民避而远之。小区启动改造后，荒山迎来"蝶变"，占地超过 1 万 m² 的山体公园不仅有 4 条从不同方向上山的人行健身步道，从山脚到山顶，还有一条古色古香的风雨长廊蜿蜒其间，山顶还建有一座三层高的古朴八角凉亭，供居民们登高望远。山脚下不远处，有一个 1000m² 的儿童游乐场和老人休闲场地。同时，在贯穿山体公园的环路上设置彩虹健康跑道，增添趣味及活力。

山体公园改造前

山体公园改造后

### 3. 知民情解民忧，彰显为民情怀

在改造的前中后期，重点在于坚持问计问需于民。一是设置居民意见征集室，有专人接待居民诉求。二是方案设计阶段，街道会同社区、设计单位等多次召开居民议事会，并通过上门调查、发放"致居民一封信"、公示公告等方式与居民沟通，针对改造内容、外围颜色搭配、绿化景观等改造项目征求居民意见，并对居民提出的问题进行登记、汇总，根据居民意见、建议适时优化调整改造方案。三是在改造过程中，邀请3~5名居民作为小区监督员，全程参与改造工作；改造后，通过问卷调查、座谈会，对改造效果进行综合评价，根据居民意见进一步整改完善。

召开议事会公示设计方案

南出入口改造前

南出入口改造后

路面破损改造前

路面破损改造后

青山 22 栋旁广场改造前

青山 22 栋旁广场改造后

## ◎ 实践成效

### 1. 人居环境改善

尧林仙居小区经过宜居化提升后，新建大门 3 个、改造道路 78700m²、立面改造 97 幢、安装路灯 289 盏、楼道灯 2328 盏、安装监控设施远红外探头 621 个、安装单元防盗门 291 个、新增停车位约 800 个、新增绿化 4000m²、新建娱乐健身场所 3 处。同时，更新 6 个主题公园共约 4500m²，充分满足室外活动需求。老人、儿童活动区结合小区绿地、广场等公共空间设置，具有良好的日照、通风条件，远离交通干扰；适当位置设置廊架等避雨设施。按照海绵城市建设要求，小区硬化地面中，增加一定比例的可渗透地面，公共绿地中须含有不低于 10% 的下凹式绿地 (10cm)，地面新增铺装采用透水设计；在活动广场等公共区域设置安装节能路灯、打造绿色节能小区。通过改造，在改善小区基础设施的同时，也大幅提升了小区的安全性与适老化宜居程度。

### 2. 投资就业带动

尧林仙居小区改造工程投入约 1.8 亿元，带动施工就业人数约 100 人。在改造过程中，小区对于有潜在收益可能的项目，如单元楼道及外部公告栏、大门口道闸、智能快递柜等，以广告、有偿服务收费等长期收益，吸引社会资金参与。

### 3. 城市活力激发

尧林仙居小区完善小区步道系统，在小区内增加 3300m 人行道及独立休闲步道。步道不小于 1.5m，连接小区入口、住宅、公共活动空间；结合空间条件采取单侧或双侧设置方式，通过划线和彩色沥青进行区分。步道设置兼顾舒适性、生态性和景观性，结合景观塑造，运用大型乔木进行遮阳，更加便民、舒适，且步道可供小区外居民使用。小区人车分流疏导了交通，对道路交通的序化改造不但改善了内部循环，也改善了周边通行环境。

### 4. 其他

2020 年 4 月，时任省长吴政隆、副市长邢正军等省、市领导来到小区，关心指导小区改造。小区山体公园建设、道路和景观整治的工作经验在《新华日报》、"学习强国"等媒体上报道 32 篇。

**大家声音**

　　"待到满山花开，这里就更美了，没想到小区里多了个大花园。"雨停后，正在小区散步的居民李先生很是憧憬。

　　居民李女士："我家小区里有公园，别的小区真没有，又美丽又实用，我们现在健身和举办小活动都有地方了。这次改造过后，好多亲戚朋友来看后，都很羡慕我们小区！"

　　居民范先生："这次改造把小区里的道路改造好了，原来很多的死角都打通了，我现在上班开车不用绕圈出去了。"

供稿：**张福勇** | 南京市栖霞区尧化街道

# 物业管理创新打造和谐社区：江阴市兴澄锦苑

**用地面积：** 8.7 万 m²

**建筑面积：** 20.5 万 m²，其中公共建筑 5 万 m²，居住建筑 15.5 万 m²

**建成年代：** 2012 年

**房屋产权类型：** 商品房

**人口情况：** 975 户，2179 人，其中 60 岁以上人口占比 11%

**基层治理情况：** 涉及社区 1 个，网格 1 个，小区 1 个

**更新实施时间：** 2019 年

**地点**

无锡市江阴市，东邻东方花园（人民东路 188 号）
小区、南至澄塞河、西接永联公园（人民东路 80 号）
小区、北至人民东路

◎ 基本情况

兴澄锦苑是由兴澄置业有限公司与香港中信泰富联合开发建设的大型小区，2008年开发建设，2012年2月1日交付使用。小区坐落于人民东路与文定路的交汇处，占地面积8.7万 $m^2$，总建筑面积约为20.5万 $m^2$，住宅面积15.5万 $m^2$。共有11幢建筑物组成，其中10幢为高层住宅（17~25层），1幢为配套用房，总户数975户，停车位共1083个，其中地下975个，地上108个，容积率1.95，绿地率70%。

随着小区入住率提高，带来了新的问题：一是基础设施改造的要求日益凸显，存在如路面停车与行车的矛盾、技防设施升级、健身器材老化、电动车充电等问题；二是对服务和基层治理能力提升的要求；三是如何打破居民之间的冷漠关系，提升居民的融合度、幸福感。

兴澄锦苑小区宣传小品

◎ 案例特色

### 1. 以"我爱我家"为主题，实施小区环境升级工程

在创建工作中，提出了"家"的建设理念，把小区作为一个大家庭，从"我爱我家""红色管家""亲如一家"三个方面着手，让居民共治共享。以"我爱我家"为主题，就是把进一步优化小区环境作为全体居民建设宜居家园的一件共同的事，人人参与人人受益。创建以来，主要抓好硬件设施的改造提升和文化环境的氛围营造两个方面。在硬件设施上对小区的117个监控探头及7700个消防设施点位进行了全面

检修，对小区地下车库 56 个集水井、112 台水泵进行排查保养，对有故障的水泵进行维修，确保汛期设备的正常运行。对小区的路面、木道、墙面、健身器材、路面大理石等进行了全面的维修保养，对居民反映强烈的游乐设施的塑胶地坪进行了重新摊铺，为临时垃圾建筑场安装了隔断门并进行了美化，对小区的地下架空层进行重新涂料粉刷以及护墙板覆盖，做到了整洁美观。对地面停车位进行统一规划改造并对路面停车进行划线规范，聘请专业设施照明维保单位于 2019 年 9 月 20 日—10 月 3 日对小区地下车库、楼道、电梯内照明进行了智能化改造升级，还在每一幢的架空层设置了电动车充电区域，并加装了智能充电设备。

在氛围营造方面社区按照"五色空间、宜居兴澄"的理念进行了红色党建、黄色互助、橙色共享、绿色环保、蓝色健康的不同功能区的设置，在全社区倡导互助友爱共建共享的良好风尚，也使小区的人文品质得到了很大的提升。

小区塑胶场地破损，经过改造焕然一新

路面砖松动，进行维修后方便使用

### 2. 以"红色管家"为品牌，实现党建引领创新工作

在创建工作中，社区始终紧紧抓住党建工作的龙头，创造良好氛围。在小区内推行了以"星级＋服务"的"红色管家"党建服务品牌，党员参与，星级考核，共治共享。以社区党委为依托，党员志愿者为主体，突出党建引领，突出服务为民，丰富载体创新，凝练组织合力。通过"红色管家"基层党建治理项目，把加强基层党组织建设工作与

社会治理创新紧密结合；把加强党员教育管理工作与为民服务项目紧密结合，把落实新时代党建要求与群众满意测评紧密结合，积极探索新形势下网格党支部实践社会治理创新的新途径。通过制定星级评定标准，分别从楼道环境、安全防范、邻里互亲等三方面进行综合考量，由业主进行年终综合考评，评定三星级、四星级、五星级服务管家，在物业服务中引进竞争激励机制，开展互评互学的工作技能大比拼。突出问题导向、需求导向、效果导向，从邻里互助、美化家园、应急处置、民事代办、文化共享等五个方面入手，全力打造"共建共治共享"宜居家园示范样本。2019年6月，举行了"红色管家"志愿服务队的启动仪式，在小区内设置了议事服务区、快递服务区、红色阅读区、民事代办区等第一批服务站点，共招募了首批30多位党员和志愿者加入"红色管家"的服务队伍，提供了高龄送餐、我爱我家、文化共享、邻里互助等服务项目，还加大了宣传力度，使这一品牌家喻户晓、深入人心，成为真正为民服务的平台和抓手。

"红色管家"志愿者上门为独居老人送餐　　"红色管家"志愿者整理非机动车　　"红色管家"志愿者巡检电梯

### 3. 以"亲如一家"为目标，打造和谐宜居示范社区

2019年以来，社区党委花大力气对兴澄锦苑小区组织了一系列的邻里活动，以"亲如一家"为目标，力求在江阴高档小区中树立打造熟人社区的典范，告别"门对门不见人"的冷漠关系，使兴澄锦苑小区成为和谐幸福友爱的一家人。5月，发动红色管家发放了近800份《创建宜居示范居住区的倡议书》，在端午节、敬老节、重阳节开展了"我们的节日"传统文化活动、组织了小区"掼蛋"比赛、举办了"七彩夏日"主题夏令营、组建了江阴市太极拳协会兴澄分会，并于10月成功举办了小区的太极拳展示活动，得到了居民的一致认可，《江阴日报》、江阴电视台、"江阴党建""澄江发布"等多家媒体、微信平台都对创建工作进行了宣传报道。小区居民的相识度越来越高、融合度越来越好，对公共事务的参与热情也日渐高涨，在兴澄锦苑小区，处处能感受到"家"的氛围和温暖。

"邻里一家亲"六一游园会　　　"邻里一家活力兴澄"掼蛋比赛　　　兴澄锦苑太极分会太极展演活动

◎ **实践成效**

### 1. 人居环境改善

小区按照"五色空间、宜居兴澄"的理念进行了不同功能区的设置，在全社区倡导互助、友爱、共建共享的良好风尚。通过规范停车管理、小区门禁智能化改造、架空层设置电动车充电区域等措施，提高小区居住的安全性能。同时，还通过完善5分钟社区便利服务圈，让居民们享受到更便捷周到的生活服务。

### 2. 人群结构变化

兴澄锦苑小区是高层建筑的商品房小区，居民来自四面八方，关起门来互不相识，彼此之间缺乏交流沟通的机会和场所，导致人际关系冷漠，对共同参与小区治理更是全无概念。社区党委将"红色管家亲如一家"作为品牌特色，在小区推行星级＋服务的全新管理模式，突出党建引领、党员参与、星级服务、共治共享的治理理念，优化小区人文品质，提升社区治理能力。通过硬件设施和软件服务的双提升，使"红色管家"深入人心，小区居民也从单一的小夫妻、小家庭模式扩展成传统大家庭、邻里一家亲的新模式。

### 3. 投资就业带动

通过创建宜居小区，物业服务得到了进一步的提升与扩展，快递自助取件、洗衣收送点、小蜜蜂驿站等便民服务项目走进小区，为居民提供便利的同时，还给小区带来了广告收益。

### 4. 城市活力激发

随着小区改造升级，小区品质得到了明显提升，小区周边300m内城市综合体、公交车站、银行、社区居民养老服务站、社区卫生服务站等服务设施一应俱全，另外社区党群服务中心、书香文定社区文化中心、图书馆文定分馆等设置也在15分钟生活圈内。这些举措强化了小区配套环境，也给居民提供了便捷舒适的生活服务。

### 5. 其他

宜居小区的创建真正从居民的实际需求出发，优化整合各方资源配置，确保力量下沉，多方入手，解决关系居民利益的民生实事，打造"幸福邻里"App 等智慧化服务平台，打通与群众沟通的服务通道，解决服务群众的"最后一百米"。

通过"红色管家"品牌项目，加强了党建联盟建设，聚力解决高质量发展和群众生活中的难点问题，调整优化小区网格服务，持续做实做细小区治理，以小区之治助力社区之治。

小区环境更舒适

物业服务更规范

人居氛围更和谐

党建引领更显著

**大家声音**

"志愿者每天都给我们送饭，真是太幸福了。"家住文定社区兴澄锦苑的老夫妻吴士金、孙志毅说道。

文定社区第一党支部书记任国英是"先锋驿站"带头人，她表示："'先锋驿站'工作的落脚点就是为民服务。打造'红色管家'先锋服务队，就是为了提高为民服务质量、建立良好的邻里关系。"

供稿：**张静** | 江阴市澄江街道文定社区，党委书记

# 重拾集体记忆塑造人文住区：镇江市中营片区

**用地面积：** 20.6 万 m²
**建筑面积：** 18.6 万 m²
**建成年代：** 20 世纪 90 年代
**房屋产权类型：** 商品房
**人口情况：** 1470 户，4410 人，其中 60 岁以上人口占比 27%
**基层治理情况：** 涉及社区 1 个，小区 3 个，其中改造前 3 个小区均无物业
**更新实施时间：** 2018—2019 年

地点
镇江市京口区中山东路 5 号

中营

停车场

梳儿巷

东门坡 老年人活动场

笪家山活动广场

梦溪路

中 山 东 路

◎ 基本情况

　　中营片区位于镇江市中心，为开放式生活街区，改造范围涵盖东门坡、梳儿巷、中营三个老旧小区，周边干道交通流量大，内有中营菜场、梦溪社区等公共服务设施。

　　中营片区人文底蕴深厚，这里的每条巷道都有一段沉淀久远的历史记忆。中营在南宋时期曾经是一处名为前军塞的兵营所在，故而得名。历史渊源很深的东门坡，曾是唐代年间通往镇江古城东门的要道之一。中营街南侧，沈括曾在此建园，名曰"梦溪园"，现部分对外开放，部分待复建。东门坡北侧路边留存有镇江名泉之一"古洋泉"。除此之外，据查证南北朝宋武帝刘裕曾在这里居住生活过，范仲淹曾在中营街边的古运河上建造过一座桥，名为"清风桥"，后人尊称为"范公桥"。这些地名典故、历史遗存隐匿于街巷之间不为人所知。

　　中营片区建设年代较早，缺少物业管理，居住环境杂乱不堪。中营街两侧，摊贩占道经营屡禁不止，交通拥堵严重；宅间巷里，社区居民违章搭建成风，安全隐患突出。机动车辆随意停放，偌大片区没有一处活动场地，地上电线如蜘蛛网私拉乱接，地下管线跑冒滴漏问题不断。

古泮泉沈括故居

2018 年围绕建设"舒适宜人的人文住区"这个主题，针对中营片区发现的问题进行了一系列的整治改造。人文文化方面，通过浮雕、彩绘、地名牌、地名柱等形式进行文化彰显。硬件设施方面，提出对地上、地面和地下三个层面，涉及市政完善、建筑美化、交通改善、设施优化、景观绿化 5 个方面 35 项内容的改造提升。

| 地 下 | |
| --- | --- |
| 市政完善 | 雨污分流改造：增设雨水管、更换污水管 |
| | 通信杆线入地 |
| | 低压供电杆线入地 |
| | 主路自来水管更换 |
| | 更换燃气管 |

| 地 上 | |
| --- | --- |
| 市政完善 | 杆线不能入地的整理架空线路 |
| | 安装路灯 |
| | 安防设施改造、增设监控探头 |
| 建筑美化 | 处理屋面渗漏 |
| | 屋面平改坡 |
| | 公共部位的维修 |
| | 整治房屋立面 |
| | 规整沿街立面、整治店牌店招 |
| | 设置楼栋标牌 |
| | 粉刷破旧墙面 |
| | 维修落水管 |

| 地 面 | |
| --- | --- |
| 交通改善 | 增补机动车停车位 |
| | 安排临时停车位 |
| | 出新停车区域 |
| | 增补非机动车车棚，增设电动车充电桩 |
| | 优化车行流线 |
| | 路面修缮 |
| 设施优化 | 配置消防设施 |
| | 无障碍设施改造 |
| | 增设垃圾分类设施 |
| | 增加物流快递设施 |
| | 老旧信箱出新 |
| | 公共厕所整治 |
| 景观绿化 | 主要街道美化 |
| | 游园、广场建设 |
| | 宅前绿地美化 |
| | 整修裸露地被，增加公共休闲绿地空间 |
| | 拓展休闲体育场所、增设健身活动器材 |
| | 增设城市小品、家具 |
| | 修整围墙，适当增加垂直绿化 |

中营片区整治内容菜单

◎ **案例特色**

**1. "存量挖潜"补齐"功能短板"**

改造初期，设计团队进行了现场走访调研，片区内的年轻居民普遍反映无停车场地，而老年人则热切期望能增加一些户外活动场地。对于老旧小区，在有限的空间内安排停车或活动场地并非易事。设计师另辟蹊径，在现有存量的基础上深入挖掘可能性，通过释放潜力空间来满足群众需求。深入社区测量、踏勘，通过大量细致的调研工作，初步找到六块合适的闲置地块。其中一块地为"梦溪园"待复建旧址。因该旧址近期暂未建设，规划建议将部分用地稍加平整作为临时停车场，复建时，在文物保护许可的范围内，可适当建设部分地下公共停车场供公众使用；还有两块分别为闲置公交站场和银行拆除后空地，规划建议将这两块闲置用地改造为公共停车场；其余三块均为解危空地，规划建议改造为活动场地和停车场。

设计团队将方案向市住建局汇报，住建局给予高度认可的同时希望进一步加强与产权单位对接。为此，设计团队主动联系相关部门及街道社区，查明用地的产权单位。由于用地涉及的产权单位众多，且大多存在历史遗留问题，单凭设计部门难以解决，需要各方协调推动。为推动用地方案落地，住建局报请市政府专题研究。本着好事办好，实事办实的原则，市政府召开专题会议，邀请住建局、区政府、产权单位等到会共商。

会议上，"沈括梦溪园"旧址产权单位提出该空地正在实施考古，近期切不可改造。闲置公交站场和银行用地，因另有他用，近期不可改造。其他三块解危空地，产权方有意复建住宅。住建局与设计团队向其进行解释，在现有规范条件下，难以复建住宅类建筑。功夫不负有心人，在住建局、设计团队不懈的努力下，最终确定三块解危空地可让渡为公众使用。

对这三块来之不易的空地，设计师进行了精心的设计：北侧空地，靠近小学幼儿园，人行可达性强，设计为"笪家山活动广场"。中部空地，位于交叉口，交通便利性强，设计成为停车场，停车场中间的绿化也被赋予爱心晾衣架功能，最大限度地利用有限空间。西侧空地，周边老年人居多，设计为健身场地。

除此之外，街道社区大力配合项目实施，拆除违章建筑 1 万 $m^2$，宅间街巷空间得以释放，利用腾出空间，增加宅间车位 40 余个。

片区北侧空地原状及改造后效果

片区中部空地原状及改造后效果

片区西侧空地原状及改造后效果

### 2. "休憩广场"展现"社区活力"

三块解危空地里，片区北侧的一块最为显眼。它是片区居民每天接送孩子上学放学的必经之地，被简陋围墙围挡着，雨天污水经常漫溢，周边居民深受其扰。围墙拆除后，设计团队将其"量身定做"为游憩广场，把一千多平方米的空间划分为五个不同功能区。南侧靠近小学幼儿园，设计为儿童活动区，活动区的红色主题文化墙由孩子们亲手绘制而成，凝结了大家的汗水与智慧。每天放学时这里会聚集着焦急等待的家长和欢欣雀跃的孩童。广场有效地解决了放学时候交通拥堵的困扰，

笪家山活动广场鸟瞰图　　　　　　　　　　　　　　　　地块原状

地块改造后效果

也为举办各种活动提供了空间。树阵小广场是休憩的最佳场地，等小树再长高一些，壮一些，夏日里这就是乘凉的宝地，人们可以在大树的荫凉下，谈谈时政要闻，聊聊家庭琐事。广场中间核心区设计为文化展示空间，这里为每一位路过的人讲述发生在中营这片古老土地上的故事。北侧靠近小区入口可达性最强，设计为老年健身区与休憩小天地，早上、晚上居民都喜欢在这里健身、打太极拳、跳广场舞。枝繁叶茂的绿色植物、彩色的塑胶场地、青砖黛瓦的民居、展示传统文化的浮雕以及周边的彩绘墙，使得广场古朴与现代交织，传统中不失时尚。

孩子们在这里嬉戏玩耍，老人们在这里促膝谈天，温馨和谐的气氛在小区的空气中弥漫。

### 3."文化挖掘"彰显"历史风貌"

中营片区蕴含着的深厚文化底蕴。向公众展现，是居民的诉求，更是设计团队难以割舍的情怀。规划初期设计团队便决定与镇江历史文化名城研究会联合研究，梳理片区内部每条道路的地名典故，查证在此生活过的每个历史名人。建设方还特别聘请了镇江市文联副主席、镇江市作协主席王川对文化典故进行二次创作，形成故事浮雕、墙体彩绘、地名牌、地名柱等。

笪家山广场浮雕墙

对于故事浮雕，设计团队决定将其设置在最具人气的笪家山广场中心，同时根据最佳可视距离、行人观赏习惯来确定浮雕尺寸和观赏空间。从这里经过的人们都不禁驻足了解那些尘封的历史，谈谈南北朝宋武帝刘裕充满传奇的一生、科学家沈括伟大的发明，以及他们与中营那些不可割舍的故事。

### 4."红色物业"助建"和谐家园"

鲜亮的整治成果，需要持续的维护方可得以长久。2019年镇江京口区提出一项令人振奋的民生工程"红色物业"。"红色物业"致力于用党建引领破解社会治理难题，通过凝聚各方力量，实现基层治理工作从独角戏到大合唱转变。11月，中营片区进行试点，成立物业管理委员会和泽驿智能物业党支部。安装人脸识别门禁是红色物业做的第一件大事，让这个原本开放式的小区，变成了封闭管理小区，疫情期间防止闲杂人员随意进出，确保了一方平安。与此同时物业为所有楼栋安装了简易扶手，为老人安装了家庭服务监控系统，为孤寡老人提供就近餐点，并组织开展了一系列文化娱乐活动。

疫情期间设置门禁规范停车管理

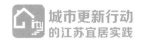

### ◎ 实践成效

#### 1. 人居环境改善

经过 2018 年的整治改造及后期的物业管理,片区的生活品质得到了显著提升。片区增加活动场地 1600m²,划定停车位 100 余个,设置公共非机动车棚两处,停车规范度达到 100%,管理规范程度显著高于周边小区。

小区 2018 年房屋均价约 0.8 万~1 万元 /m²,截至目前,房价增加至 1.6 万~2 万元 /m²,增长了近 1 倍,大幅度高于镇江市中心城区 44% 的平均房价增长水平。

#### 2. 人群结构变化

中营片区作为老旧小区,老年人口比例较高。改造后小区面貌焕然一新,市政管线疏通,房屋平改坡,墙体整治出新等,使老旧住宅可居性变强;停车空间和活动空间的增加,使户外环境变优,加之该片区自身优越的教育条件,愈发受到中青年群体的青睐,目前小区老龄化比例 22%,较之前比例降低 5 个百分点。

#### 3. 投资就业带动

中营片区更新改造总投资约 8100 万元,改造后增加停车收入约 10 万元 / 年,吸引了泽驿智能物业入驻,后续计划陆续增加与文化、养老等企业合作,为街区居民提供便利服务。

#### 4. 城市活力激发

片区建成的笪家山广场、网巾桥健身场地吸引众多本片区居民和外来参观者的驻足。社区、物业利用广场空间,时常开展义诊、免费为老人理发、法制宣传等活动,炎热的夏季,还不定期组织居民在小广场上观看露天电影,盛夏乘凉。道路的整治,微循环的打通,使片区的可达性大大增加,沿路围墙变身文化墙,彰显传统风貌的同时,提升片区整体文化特色。

#### 5. 其他

中营片区先后受到人民日报全媒体平台、光明日报·光明网、中国日报网、新华网、央广网、中国新闻网、国际在线网等国内近 30 家中央、省级网络媒体及自媒体报道。良好的整治效果也吸引了来自盐城、南通、重庆等省内外的参观学习团队。

免费为老人开展的义诊和法制宣传活动

## 大家声音

中营街 77 号楼的刘奶奶："改造真的让我们的幸福度增加了，以前中营这么大个片区，没有一个可以活动的地方，现在好了，建了小广场，设置了座椅和运动器械，社区还经常在这里组织活动，我天天都可以下楼活动，晒太阳、健身了。"

片区业主吴先生："以前像我们这种顶层住户，房屋渗漏、冬冷夏热是一直的困扰，现在平改坡后，不渗漏了，夏天屋内温度比之前起码降低 3~4℃，居住舒适多了。"

片区业主方女士："以前开车回家就是梦魇，经常无处可停不说，大家的随意停放经常将路堵死，进出两难。现在规范停车，有了固定车位，再也不用担心了。"

市民潘先生经过笪家山广场时发出感慨："没想到南北朝宋武帝刘裕就出生在我们中营，他这充满传奇的一生还真是励志，笪家山广场给我上了一课。"

供稿：**宇文家胜** | 镇江市住房和城乡建设局，局长

# 城市更新行动
## 的江苏宜居实践

TOWARD A LIVABLE JIANGSU:
Practices and Explorations of Urban
Renewal Action

◎ 项目分布

◎ 行动概览

· 打破"墙"界：综合集成的街区更新

◎ 样本观察

· 老城高密度地区的围墙内外联动更新：南京市天津新村宜居街区

· 城郊接合部的空间与社会融合：南京市姚坊门宜居街区

· 数字规划设计下的共同缔造：南京市阅江楼宜居街区

· 外来人口密集街区的可持续改造管理探索：昆山市中华园宜居街区

· 住区与滨水公共空间串联改造：宜兴市东氿新城宜居街区

· 基于产权的历史风貌地区微更新：南京市小西湖历史街区

· "完整街道"一体化品质提升：盐城市戴庄路街区

· 没有围墙的绿色林荫空间改造：泗洪县山河路街区

· 兼顾居民与游客的历史人文品质提升：南通市濠河滨河街区

4 PART

宜居街区塑造

## ■ 项目分布

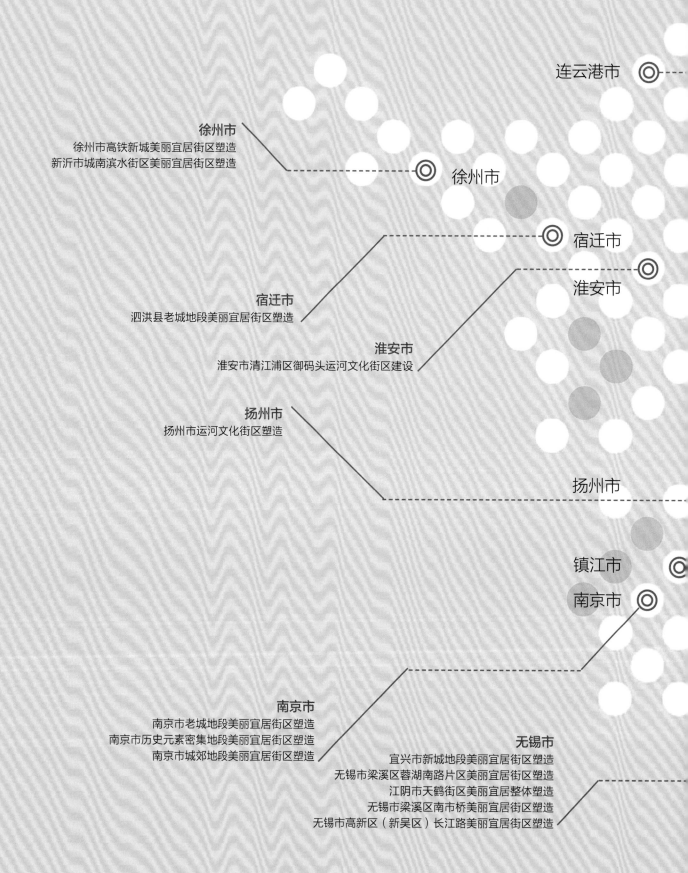

连云港市

**徐州市**
徐州市高铁新城美丽宜居街区塑造
新沂市城南滨水街区美丽宜居街区塑造

徐州市

宿迁市

**宿迁市**
泗洪县老城地段美丽宜居街区塑造

淮安市

**淮安市**
淮安市清江浦区御码头运河文化街区建设

**扬州市**
扬州市运河文化街区塑造

扬州市

镇江市

南京市

**南京市**
南京市老城地段美丽宜居街区塑造
南京市历史元素密集地段美丽宜居街区塑造
南京市城郊地段美丽宜居街区塑造

**无锡市**
宜兴市新城地段美丽宜居街区塑造
无锡市梁溪区蓉湖南路片区美丽宜居街区塑造
江阴市天鹤街区美丽宜居整体塑造
无锡市梁溪区南市桥美丽宜居街区塑造
无锡市高新区（新吴区）长江路美丽宜居街区塑造

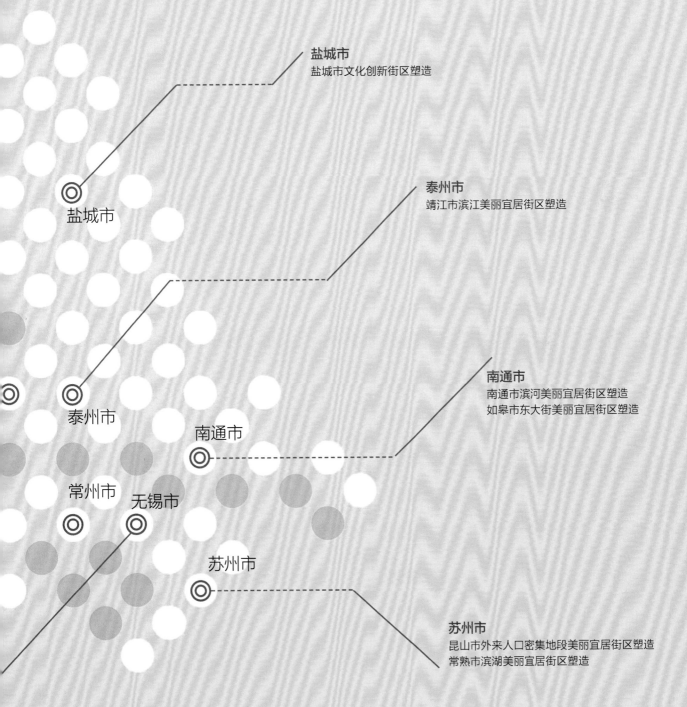

**连云港市**
连云港市连云区高公岛街道美丽宜居街区塑造
连云港市开发区朝阳美丽宜居街区塑造

**盐城市**
盐城市文化创新街区塑造

**泰州市**
靖江市滨江美丽宜居街区塑造

**南通市**
南通市滨河美丽宜居街区塑造
如皋市东大街美丽宜居街区塑造

盐城市

泰州市

南通市

常州市　无锡市

苏州市

**苏州市**
昆山市外来人口密集地段美丽宜居街区塑造
常熟市滨湖美丽宜居街区塑造

江苏省美丽宜居街区试点项目

**■ 行动概览**

# 打破"墙"界：综合集成的街区更新

◎ 从围墙内走向围墙外

　　街区包括住区和相邻的街道以及紧密相关的生活设施和场所空间，例如步行可达的百货超市、绿地公园，临街的咖啡馆、书报亭等，是居民邻里交往最为密切的公共场所，它联系着住宅与城市公共空间，是"围墙内"与"围墙外"的融合空间，是市民城市生活的基本单元，也是城市生活价值的集中体现。

　　街区更新是城市连片老化地区品质提升的现实需要。随着城市发展，老城区等存量地区的老化不只局限在某个住区，而是伴生出现街道破损、公共空间失修等集中连片现象，连片改造需求逐渐凸显。

　　街区是系统集成解决碎片化老旧小区城市病问题的有效方案。楼宇小区、开放式小区等空间局促的老旧小区，难以通过自身解决公共服务设施增补、生活圈配套完善等短板问题，街区作为较完整空间单元，通过共享融合打破"墙界"，在街区层面补齐设施短板，推进宜居系统性改造，通过"共建共享"集成推动，实现街区规划设计更系统、功能布局可调配、服务设施可共用、停车空间可共享、绿地景观可连通、闲置空间再利用、街区物管相统一，是在一定程度上解决"急难愁盼"百姓诉求的最基础单元。

　　街区是城市结构优化调整的基础单元。住区改造实践显示，住区与城市公园广场、公共服务设施、历史地段、滨水空间等公共空间领域已呈现出高度相关、连带互动的关系，需要统筹考虑，以街区为单元进行城市更新，可以在住区品质提升的同时，

住区　　　从围墙内走向围墙外　　　街区

从围墙内走向围墙外示意图

盘活和放大街区内公共资源价值，协同优化城市空间结构。

街区是服务保障民生、推动便利消费及扩大就业、强大内需市场的重要平台和载体。老旧小区改造资金，可以作为种子基金和启动资金来撬动地区的城市更新，通过充分利用公共街巷以及居住小区"金角银边"等潜在价值地段，优化街区功能和空间布局、丰富商业业态、壮大市场主体、引导规范经营、创新服务能力，激活"围墙外"的空间经济价值，推进大众创业、万众创新，实现内外联动、效果增益。

街区是社区治理和城市治理有机互动的关键治理环节。通过引导居民对于街区公共价值的重视，对于"围墙外"街区公共事务的全过程参与，尊重市民对街区建设决策的知情权、参与权、监督权，可以提高市民文明素质、推动形成政府与居民良性互动的现代化治理能力。

因此，江苏由住区整治转向住区街区联动塑造，从"围墙"内走向"围墙"内外融合，归根结底是由于住区无法脱离城市独立存在，而是通过街区融入城市这一有机体中。围墙内外空间品质的"一碗水端平"，有利于弱化空间的隔阂、拉近百姓身心距离，也是对"人民城市为人民"、找到社会最大公约数理念的贯彻落实。

◎ **多元街区类型积极探索**

从街区的主导功能看，街区可以分为居住型、商贸型、科创型和产业型等多种类型。考虑到改善民生、公共性和公益性的导向，2019 年，在江苏启动的首批 5 个省级美丽宜居街区试点建设中，选择居住类生活街区为试点，具体包括南京市天津新村街区、南京市阅江楼街区、南京市姚坊门街区、昆山市中华园街区、宜兴市东汎新城街区等 5 个街区。宜居街区建设统筹考虑住区和相邻街道的相关设施、空间场所，推动住区综合整治与街区整体塑造联动提升，进行街区集成改善实践，探索"跳出小区改造论小区改造"、创造共享融合社区单元的方法，以及"实施一块即成一块"的城市基本单元有机更新路径，也为江苏省美丽宜居城市建设积累经验。

2019 年开始，江苏开始开展为期 3 年的美丽宜居城市建设试点工作，其中，城市更新是试点工作的重要抓手，而"美丽宜居街区塑造"是重要的综合类试点项目之一。结合美丽宜居城市建设工作，街区更新改造继续探索革新，在类型上由居住型生活街区向商贸型、文化型、滨水型等综合类街区扩展，指引配套政策也持续丰富。

◎ **共建共享更好的公共空间**

5个省级试点街区牢固树立"以人民为中心"的宜居街区创建理念，以"安全舒适、活力开放、绿色智慧、人文和谐"为目标，积极探索，勇于实践，统筹推进建设任务，在改善人居环境、形成良好社会反响、促进城市发展方面，取得了较好成效。

一是人居环境改善，生活品质提升。试点工作累计改善街区面积共 3.95km²，惠及 27745 户共 10.4 万居民。小区环境改善方面，完成 54 个共 1.56km² 的小区改造，住宅市场化物管覆盖率超 80%（按住宅建筑面积计算）。街区设施完善方面，新改建公共服务与便民生活设施 6 处，通过新建和资源共享等方式新增停车位 1427 个。街区公共空间提升方面，新改建口袋公园、活动广场等交往空间 22 个共 14000m²，提升街道立面 10 条共 11440m。街区出行环境优化方面，改造市政道路 10 条共 12210m，打造滨水步道、儿童上学道、休闲绿道和文化步道等特色线路 16 条。

二是社会反响热烈，居民认同感增强。省级宜居示范街区建设坚持高起点设计、高标准建设、高水平管理，受到行业、媒体和居民广泛关注和好评，获得省级及以上媒体报道超 125 篇，姚坊门街区斩获紫金奖·建筑及环境设计大赛金奖，阅江楼街区获得 2020 年度国际规划师卓越城市设计大奖等省和国际设计奖项，中华园宜居街区创建列入住建部"城镇老旧小区改造"试点。

三是综合效应明显，激发城市发展活力。省级宜居示范街区建设省级专项资金使用 1.04 亿元，地方政府配套投资 12.2 亿元，吸引社会投资 1.9 亿元，引入市场化参与街区建设和后续服务企业 11 家。提升商业空间品质涉及商业街 4 条、商业综合体 1 个。通过新增公共服务设施、便民商业、后续物业服务等，带来一批新增社会就业。

5个省级试点街区因地制宜，立足老城单位大院熟人街区、景区和住区拼贴街区、城郊多样混合街区、外来人口落脚街区、城市新建地段街区等不同特质，探索街区个性化建设范式，形成了一批街区建设经验。

在工作组织方面，部门协调统筹，省、市、区、街道联动，高位推动试点工作，建立健全政府统筹、条块协作工作机制，着力形成工作合力。另外，集丰富群众工作经验、行政智慧、专业眼光于一身的基层政府统筹抓总，能够强有力地推动街区治理工作，并在此过程中保障城市公共利益的最大化。

在建设内容方面，一是内涵综合化，注重基础类—提升类—特色类的层次性，体现软硬件提升的兼容性，彰显民生改善—社会经济内生动力激发的效益综合性。

二是各街区将小区内部集体交往空间的再造，同街区共享的生活中心打造联动起来，并与城市重要公共中心进行贯通，形成小区街区城市一体化的生活场景。三是各街区围绕小区和小区之间、小区和街道之间、小区和企事业单位之间、城市公共服务设施和居民之间等多组对象，以"围墙"内外的环境品质和服务等值化提升为核心，以多样化的方式实现"围墙"打破、服务共享，推动服务割裂的街区转为品质齐升、功能和空间融合一体化的街区。四是依托街区化的"大物业"管理模式，通过住区物管、单位和企业物管、城市管理的有机结合，以片区化物业服务保障街区持久宜居。

在建设方法方面，一是建设联动管理，推动建设、管理、维护一体化的运作机制。二是政府联动市场，探索积极多元的市场化参与，多渠道筹措街区建设资金。三是践行"共同缔造"理念，结合党建工作，坚持决策共谋、发展共建、建设共管，以居民需求为导向、以多方参与为动力、以共创宜居街区为目标，积极组织街区各类力量融合发挥。

## ◎ 结语

宜居街区建设作为一项复杂的系统工程，不仅面临存量地区的停车、养老、托幼等配套设施新建受到规划、土地等相关法规、政策以及技术标准限制的问题，工作推进中还存在高度综合性、公共性和动态化的组织工作协调难度大，以政府投入为主的投资模式可持续性较低等难题。

结合城市更新行动，江苏省级层面研究制定了面向居住功能为主的《江苏省宜居街区建设评价体系》，正在编制面向存量地区的宜居街区评价标准，对宜居街区设计和建设的关键技术领域提供技术方法指导的设计指南，对宜居街区申报、评估、公众参与和实施等流程做出具体规定的操作规程，客观评价宜居街区建设水平、指导宜居住区完善提升的建设标准，以及筛选国际优秀街区建设和运维案例的案例参考等。通过上述宜居街区的全流程系列手册，形成关于宜居街区建设和运维的集成工具箱，为未来江苏省宜居街区的建设提供指引和要求。

■ 样本观察

# 老城高密度地区的围墙内外联动更新：南京市天津新村宜居街区

用地面积：35.09 万 m²

建筑面积：47 万 m²，其中公共建筑 7 万 m²，居住建筑 40 万 m²

建成年代：20 世纪 70—90 年代

房屋产权类型：商品房 10%，公房（含房改房）约 80%，保障性住房约 10%

人口情况：3059 户，12917 人

基层治理情况：涉及社区 6 个，小区 16 个，其中改造前无物业小区 12 个

更新实施时间：2019—2021 年

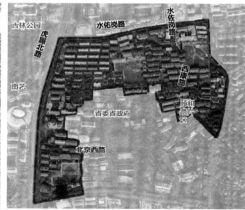

地点
南京市鼓楼区宁海路街道，东至西康路，西至虎踞
北路，北至水佐岗路，南至省委省政府大院围墙

◎ **基本情况**

2019 年 3 月，天津新村街区被选为江苏省首批 5 个省级宜居示范街区试点之一。作为典型的主城区老旧街区，天津新村整体呈现"老"（老城区、老小区、老建筑、老龄化）、"多"（机动车多、零碎空间多、空间冲突多）、"密"（人口密、空间肌理密、社会网络密）、"少"（活动空间少、服务设施少、物业管理少）的特点，迫切地需要通过系统化、集成化的方式提升宜居水平。以打造老城"精致慢街区，美丽新家园"为目标，项目对小区、街巷、市政进行综合整治，开展增补服务设施、优化公共场所、改善出行环境、提升居住环境等工程。

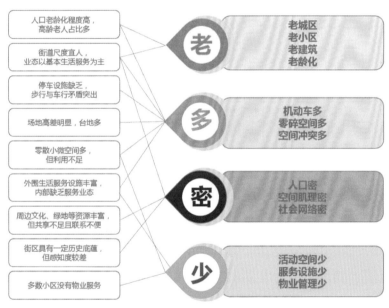

天津新村街区现状分析总结

◎ **案例特色**

**1. 既有房屋盘活，灵活增补街区服务设施**

可利用建筑有限成为公共服务设施增补的难题，为此，改造通过租赁居民楼底层和商铺的方式，增补城市书房、基层治理服务中心、警城联动办公室等服务居民的设施。通过免租奖励等方式，引进社会非营利机构，为小区居民提供居家养老助餐等服务，灵活增补公共服务功能，如街道拿出马鞍山 2 号院内原社区用房 200m²，引入爱馨养老院，打造为街区老人提供日间照料、助餐助浴等服务的站点。

马鞍山2号院助老服务设施改造前后对比　　　　　　　水佐岗城市书房改造前后对比

街角口袋公园改造前后对比　　　　　　　　　天津新村小区中心广场改造前后对比

### 2. 街头巷尾边角地挖潜，多样化打造复合绿色公共空间

相对小区更新改造聚焦"围墙内"的业主物权，项目重点激活"围墙外"的绿色资源，提升街区整体环境品质。设计团队系统梳理、深度挖掘街区各类可利用零散空闲地块、个人违建占用地、现状使用低效等场所，征集周边居民对于场所功能的要求，通过保留、改善和新增等措施，分类差异化打造面向不同人群、多元化功能导向的公共绿色空间。公共场所的增补和优化重点围绕街区"一横一纵"两条主要公共街道和街区外围城市道路，同时兼顾各小区内部特色化的公共场所营造，如天津新村菜场周边两块口袋公园建设，以及琅琊新村一号小绿地建设，对虎踞北路4号小区小游园中的两处破损凉亭重新设计制作，充分彰显街区零散地块景观建设，并有机融入多元复合功能。

街道围墙美化前后对比　　　　　　　　　　　文化路径改造前后对比

天津新村小区出入口改造前后对比　　　　　马鞍山 2 号院出入口环境改善前后对比

### 3. 风景化围墙街廊，点亮扮靓街区精致景观

项目注重设计引领，体现街区风貌特色、凝聚居民归属感、反映街区历史。聚焦小区出入口、沿街围墙等标识性要素，运用丰富色彩、采用传统建筑材质、强化特色主题，以增强标识性与个性的展示，延续居民记忆，提升街区整体美学品质，对天津新村三个大门进行了全面改造，在消除大门的一些安全隐患同时，突出宜居街区特色，解决小区智能化管理的瓶颈问题；在宜居街区几个主要出入口醒目位置邀请广告设计单位设计、设置了天津新村省级宜居街区的标识立牌和横牌。

### 4. 建设智慧街区，完善停车、物业等日常管理

为解决物业不完善、停车位不足、车向人争道等老旧小区的突出性和普遍性问题，项目立足小区长效管理、建立了智慧街区平台，街区所有小区接入该平台，依托技防为主、人防为辅的原则，规范街区长效化管理。通过与周边京东产业园、古林公园、工业美术馆等合作开展潮汐共享停车，同时在琅琊路、西康新村支巷、马鞍山 2 号院等原无人管理的开放小区进行打包引进物业，实施准物业管理，从而规范支巷路边停车；并千方百计通过建设住区内立体停车库，改造部分宅间绿地为生态停车场，系统增加停车位，最大程度缓解了停车矛盾。对街区内无物业管理老旧小区，实施划片封闭，加强智慧社区建设，引进银城物业，对老旧小区进行打包长效化管理。

银城物业入驻后的电子门禁管理，利于开敞式小区整体管理

### 5. 陪伴式设计引领美好家园共同缔造

为了使项目更加贴近居民群众，成立了"共同缔造工作坊"，作为街道、社区、业委会、社区能人和省城镇化中心等设计方的合作平台，工作坊已先后召集开展 8 次例会活动。依托"共同缔造工作坊"，聚焦街区公共空间的环境改善和设施提升，先后开展街区设计节、居民方案评选等线下活动和共同缔造 App 互动、大数据街景公众评价打分等线上活动。项目创新街区设计师、社区设计师制度，招募涵盖热心

| 阶段 | 流程 | 地点 | 目的 | 参与方 |
|---|---|---|---|---|
| 现状评估阶段 | 01 成立共同缔造工作坊 | 线上 | ● 成立共同缔造的核心团队<br>● 确定固定场地 | ● 党群<br>● 业委会<br>● 社区能人<br>● 街道<br>● 社区<br>● 街区设计师<br>● 城镇化中心 |
| | 02 工作坊见面会 | 街区内各社区党群服务中心 | ● 知识体系<br>● 下一步工作安排预通知 | ● 工作坊 |
| 项目生成阶段 | 03 共同缔造开放日 | 主要公共活动空间 | ● 征集居民改造意愿<br>● 调研居民活动规律<br>● 征集改造场所和问题 | ● 城镇化中心<br>● 街区设计师<br>● 小区居民代表<br>● 其他居民 |
| | 04 实施项目行动 | 宁海路办事处 | ● 确定行动内容<br>● 确定2019年项目 | ● 街道<br>● 社区<br>● 城镇化中心 |
| 方案设计阶段 | 05 方案设计评选 | 街区内各社区党群服务中心 | ● 获取方案优化建议 | ● 工作坊<br>● 线上群意愿表达者 |
| | 06 方案设计公示 | 小区内公共场地和出入口等 | ● 方案公示通过 | ● 公众 |
| 建设实施阶段 | 07 实施调整优化 | 施工现场 | ● 收集居民反馈意见<br>● 解答建设疑难问题 | ● 街道<br>● 居民<br>● 城镇化中心<br>● 施工单位 |

共同缔造工作坊总体流程

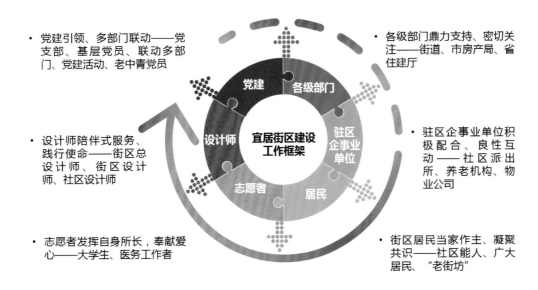

共同缔造制度体系

共同缔造活动

居民、业委会、志愿者、街道和社区工作人员、专业设计师等的设计师队伍，推动基层社会治理创新与街区品质全面提升。

共同缔造系列活动开展以来，吸引了广大居民和驻区单位的积极参与，也得到了许多曾在此工作、生活过的老领导、老首长的关心。天津新村社区、北京西路社区等警务室为宜居街区提供扎实的数据支持，助力街区体检；古林饭店为宜居街区研创汇活动提供会议场地和人力支持；携才养老服务有限公司为宜居街区提供居家养老、助餐送餐等服务。

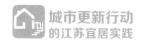

童明老师聘书授予仪式

**编制设计**
· 参与更新改造各环节
· 研究社区经济发展

**组织协调**
· 搭建社区与政府沟通的平台
· 提供专业的社区资讯服务

**设计管理**
· 推动社区发展
· 跟进社区内各类项目的实施

**方针政策**
· 记录、吸纳社区意见，以供调整政策

街区总设计师及其主要职责

"老人们可以边走边看两边的花草树木，边走边听手机歌曲哼哼唱唱。"

老党员代表——85岁的谢钟英

"家园越来越美，大家都愿意出来走一走，逛一逛。"

中年党员代表——冯惠兰

"再次来到这里，变化让我非常吃惊。"

青年党员代表——陈姗雅

街区设计师代表

驻区企事业单位互动支持

## ◎ 实践成效

### 1. 人居环境改善

天津新村街区实施项目库共有 24 项工程，截至 2021 年，已建成完工 23 项。

更新改造开展以来，改造小区入口 7 处，新增服务设施 5 处，新增建筑面积 516m$^2$，优化建筑面积 776m$^2$，提升建筑场地 5911m$^2$。改造绿地广场 4325m$^2$，新增 7 处小微绿地广场，面积为 2135m$^2$，改善 4 处，面积为 2190m$^2$，街区人均可使用绿地广场面积高于周边街区约 0.2m$^2$。新增健身和文化线路 2400m，设置标识清晰、步行安全、服务便利的健身步道路径 770m，打造安全有特色的慢行系统。在西康路西侧，围绕梁寒操旧居等历史建筑建设文化路径 1630m，提升天津新村街区文化特色品质。街区增补停车位约 400 个，可较大程度缓解街区内小区停车难的问题，改造后街区内可供使用的停车位约为 0.25 个 / 户，高于周边街区约 0.2 个 / 户的车位比。

街区实施的过程中，街区大物业服务也同时进驻。对街区内老旧楼房和老旧小区进行归并整合，引进银城物业开展统一管理，有效解决了街区内开放式小区的管理难问题。

街区房价在宜居街区创建改造过程中就呈现了一定的上升趋势，截至 2021 年初，街区内房屋均价已较 2019 年初上涨约 9000 元，两年涨幅达到 20%，涨幅高于周边街区约 8 个百分点。

### 2. 人群结构变化

天津新村街区开展的全龄友好空间创设，使得街区公共场所的活动人群也发生显著变化。根据安防系统监测到的信息显示，在街区口袋公园等完成改造的空间中，傍晚和周末时间人群密度明显提高，人群类型也不再是单一的老年人群体，而是时有青年、儿童活跃其中。人们在这些小微空间中交谈、散步、嬉戏、玩扑克，进行丰富的活动。

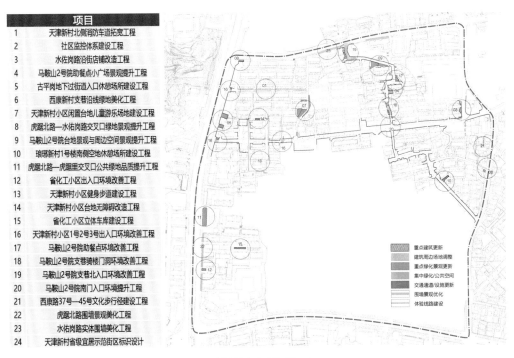

| | 项目 |
|---|---|
| 1 | 天津新村北侧消防车道拓宽工程 |
| 2 | 社区监控体系建设工程 |
| 3 | 水佐岗路沿街店铺改造工程 |
| 4 | 马鞍山2号院助餐点小广场景观提升工程 |
| 5 | 古平岗地下过街道入口休憩场所建设工程 |
| 6 | 西康新村支巷沿线绿地美化工程 |
| 7 | 天津新村小区闲置台地儿童游乐场地建设工程 |
| 8 | 虎踞北路—水佑岗路交叉口绿地景观提升工程 |
| 9 | 马鞍山2号院台地景观与周边空间景观提升工程 |
| 10 | 琅琊新村1号楼南侧空地休憩场所建设工程 |
| 11 | 虎踞北路—虎踞里交叉口公共绿地品质提升工程 |
| 12 | 省化工小区出入口环境改善工程 |
| 13 | 天津新村小区健身步道建设工程 |
| 14 | 天津新村小区台地无障碍改造工程 |
| 15 | 省化工小区立体车库建设工程 |
| 16 | 天津新村小区1号2号3号出入口环境改造工程 |
| 17 | 马鞍山2号院助餐点环境改善工程 |
| 18 | 马鞍山2号院支巷骑楼门洞环境改善工程 |
| 19 | 马鞍山2号院支巷北入口环境改善工程 |
| 20 | 马鞍山2号院南门入口环境提升工程 |
| 21 | 西康路37号—45号文化步行径建设工程 |
| 22 | 虎踞北路围墙景观美化工程 |
| 23 | 水佑岗路实体围墙美化工程 |
| 24 | 天津新村省级宜居示范街区标识设计 |

天津新村街区实施项目库

### 3. 投资就业带动

天津新村街区更新改造总投入约 7 亿元。改造中吸引银城物业进驻了约 30 人的管理团队，同时新增城市书房岗位 1 个、助餐点岗位 2 个，为街区居民提供便利服务。

### 4. 城市活力激发

天津新村街区的社区综合体、助餐点、城市书房、工美馆等服务设施经改造建设后，在服务街区居民的同时，也为周边居民提供服务。街区外围的口袋公园吸引着路过行人的驻足停留。街区位于草场门地铁站 3 号口处的花墙改造俨然已成为网红打卡地。街区西侧改造地下过街通道后，与南京艺术学院、古林公园的交通联系更加方便，南京艺术学院门前的步行街、古林公园也增添了许多人气。街区中西康路 37 号、39 号、45 号文化步行径建设，与颐和路历史文化街区的文化步行径相衔接，彰显了传统风貌，提升片区整体文化特色品质。

**大家声音**

天津新村小区居民王奶奶："我们小区南北高差大，上下台阶多，老人很不方便，这里加了坡道后，推婴儿车、推轮椅都省心。"

虎踞北路 10 号院小区居民李先生："古林公园过街通道入口这块地位置好，地方又大，以前脏乱差，没人愿意去，现在打扫干净了，加了椅子，种了树，这个小游园就蛮好。"

曾在天津新村街区生活过的"老街坊"、原南京军区政委方祖岐上将一直心系街区发展建设，提出应关注"一老一小"需求、塑造活力街区、彰显文化特色等要求，并欣然挥毫，亲笔题写了"精致宁海 美丽家园"，表达了对宜居街区建设的殷切希望。

供稿：**杨红平** | 江苏省城镇化和城乡规划研究中心，城市更新与设计所所长

姚坊门宜居示范街区鸟瞰图

# 城郊接合部的空间与社会融合：南京市姚坊门宜居街区

**用地面积：**92 万 m²

**建筑面积：**87.57 万 m²，其中居住建筑 47.62 万 m²

**建成年代：**20 世纪 70 年代—21 世纪初

**房屋产权类型：**商品房 30.8%，公房（含房改房）约 46.2%，保障性住房约 23%

**人口情况：**8928 户，27000 人

**基层治理情况：**涉及社区 4 个，小区 13 个，其中改造前无物业小区 0 个

**更新实施时间：**2019—2021 年

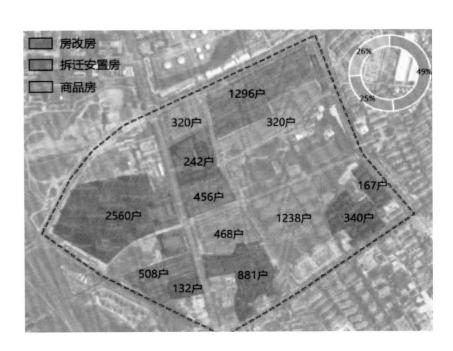

**地点**

南京市栖霞区尧化街道

◎ **基本情况**

2019年4月，南京市栖霞区姚坊门街区成功入选省级宜居街区创建试点。经过历时2年的共同努力，2021年4月姚坊门省级宜居街区创建工作顺利通过验收。回顾创建过程，让设计团队更加深刻理解了宜居街区的独特价值，并有机会深度思考"新时代社会主义宜居街区改建管模式"的独特意义。

姚坊门街区位于南京城乡接合部，包括4个社区，总人口约2.7万人，其中60岁以上老年人口比例为14%，安置小区老年人口比例为25%，外来人口比例31%，初中及以下学历人口占52%；街区内大量分布着国企厂区、居民安置小区、国企家属区、商品房小区，建设年代主要以20世纪80、90年代为主，存在各类设施老旧老化、公共服务设施不足、环境品质不高等问题。解读姚坊门的现状，让设计团队很快意识到，姚坊门不是个例，它或许是中国城市化、工业化进程的缩影，姚坊门宜居街区改造的实践探索对同类地区具有借鉴意义。

如何改造？街区设计团队与尧化街道管理团队开展了密切的合作，在识别问题、发现需求、组织活动、生成项目、协调利益、实施推进的过程中，形成了一批项目，并以项目实施手册的方式推动宜居街区改造工作不断深入。

◎ **案例特色**

### 1.问需于民

问需于民是街区设计师做好宜居街区建设各项工作的基础，如何做好问需工作，三个宜居街区既有共性方法，也有个性办法，但精准识别需求，形成问题地图和需求清单是街区设计师开启宜居街区改造工作的钥匙。

用心观察。街区设计师进入场地之后，首要做的工作就是学会如何观察街区环境，尤其是街区范围内各类人群的行为特征，这些行为隐含了很多有价值的信息。在姚坊门宜居街区创建过程中，设计团队花了很长的时间去观察街区居民们的交谈方式、在街道上走路的姿势与表情，以及他们锻炼身体、买菜、吃早点等日常行为的活动轨迹等。设计团队把自己想象成老人、儿童、成年人，深度思考群体行为背后的心理状态，很多有关街区的改造任务与策略就会在观察和换位思考中产生。

设计团队发现老年人在小区门口有一片跳广场舞场地的情况下，却然不辞辛苦地跑到一家超市的门口和一家银行的门口，为什么？设计团队进一步深入调查发现，很多老年人会选择在早上 7 点之前把健身、买菜作为开启一天工作的重要工作，但现实中他们只能紧紧张张去很远的地方健身，然后急急忙忙去菜场买菜，最后站在家门口的马路边与偶遇的老友聊天，为什么？设计团队也会发现，学校放学后，接送孩子的家长走在人行道上，道路的宽和窄会反馈在孩子和家长的行走速度、交流方式，甚至是脸上的表情上，为什么？这些可供设计团队观察的生活场景很多，如何解读这些场景所隐藏的信息，需要设计师找到钥匙，设计团队认为这把钥匙的关键就在于换位思考，并找寻到空间场地、行为特征、心理状态之间的内在关联，当找到原因之后，就会在内心深处生成强烈的使命感，设计团队可以尝试做一点改变。回到跳广场舞的问题，深入思考之后，发现广场舞者在潜意识里对空间是否开放开敞、光线是足够明亮，是否有围观者较为敏感，街区内一处未被利用好的广场舞场地的问题就在于场地灯光灰暗，且周边由近 1m 高的灌木合围，形成了较为压抑的场所环境氛围。找到了问题的症结，似乎对这个问题的改造就变得极为简单，改变广场舞场地的灯光效果，替换绿化品种，增加休息座椅……小小的改变却激活了长期闲置的公共空间。

用心沟通。你会沟通吗？你知道如何在沟通中与群众建立信任关系吗？行业中一直在倡导"共同缔造"，其中能够很好地与群众沟通，建立彼此的信任感，无疑是开展好共同缔造工作的前提，但在现实中，往往设计团队更加重视形式上的沟通，那就是召开各种会议，成立各种机制，似乎会议一开，机构一成立，群众就会跟上来，大家就会形成携手向前的场面！实际并非如此，群众对外来者始终存在一种观望的心态，那么要从"你们"变成"我们"的过程是一个非常长期的过程，这就需要设计师们要有足够的耐心，务实的作风，真诚的态度，要求很高。姚坊门宜居街区的设计师们通过设计进校园活动，让孩子们用文字、图画表达他们心中的宜居家园，在沟通过程中，会发现很多容易忽视的细节，例如孩子们对街区色彩的关注、对醉酒人行走状态及安全隐患的关注、对小区内活动场地功能的设置，等等，通过沟通，这些改造需求就会被进入到改造清单中，这其中，如何激发孩子们的宜居家园意识，如何引导他们积极表达，则是对设计师们的一大考验。

用心挖掘。在问需于民的过程中，还有大量的需求是需要借助一定的技术手段来实现的，设计团队将之总结为——"主动"与"被动"相结合，"大数据"先行、"小数据"跟进。这里"主动"与"被动"的主语都是居民，也就是说，一方面设

计团队需要让居民主动进入到调研过程中，在这个过程中，设计团队综合应用了"大数据"与"小数据"的分析方法：大数据用于识别总体特征，小数据在前者研究结论的基础上，针对重点问题、特殊人群进行更加深入的调研，继而通过居民访谈、模型分析等方式了解问题和需求背后的成因和矛盾所在。以姚坊门宜居街区为例，设计团队通过位置"大数据"分析得知街道空间具有"外热内冷"的活力分布特征；然后采用PLPS调研方法获取居民行为"小数据"，绘制精度更高的街道空间行为图谱，识别出"1+9"个活力场所，将之与现状绿地广场的人群行为特征进行交叉比对，挖掘现状街道公共空间存在的问题；最后就发现的问题进行针对性的沟通访谈，明确居民的实际需要，并以此推动了尧和路街头公园、燕尧路候学区等多个功能性公共空间的改造。归根结底，所有的技术方法都只有一个目的，就是为了与"人"——宜居街区内的每一类群体、每一个个体建立关联，挖掘真正的需求和痛点，才能让宜居街区营造做到有的放矢、群众满意。

### 2. 凝聚共识

宜居街区建设工作要想往前走，凝聚各方共识，形成行为准则是前提。因为街区发展阶段有差异，居民群体特征有差异，街道治理能力有差异，现实待解难题也有差异，如果无法在工作之初就达成基本共识，设计团队在技术方案选择，资金投入、重点项目安排上都将变得困难。在建设初期，设计团队与街道管理建设团队就什么是宜居街区，当前的任务是什么，工作重点是什么等问题进行长时间沟通。

姚坊门省级宜居街区的设计团队与街道管理团队花了近2个月的时间对宜居街区改造的方向、导向、方式、重点进行充分讨论，渐渐形成了较为统一的共识，总结起来五个方面：一是有限目标共识，重点解决与居民生活紧密相关的宜居事项，补差提优，不盲目；二是有序缔造共识，在互动中发现居民需求，尊重居民意愿，但不过度夸大居民作用，不过高拔高居民的期待，在稳健工作中，引导居民的诉求与改造目标形成统一；三是低成本改造共识，实施务实改造，从需要出发，从满足服务出发，不浪费；四是功能为主共识，注重以优化现有、盘活存量的方式提升服务功能，不偏废；五是集成推进共识，把围墙内外的问题协同起来，以项目集成推进，不独立行事。回顾2年工作，正是有了这些共识，使得街区改造联合团队始终能够做到稳步推进、有序推进。设计团队把100%的精力和资金全部放在了与居民需求有关的功能性改造之中，回看改造效果，也许不一定最精致、不一定文艺清新，但一定是把满足群众的需求放在最前面的。

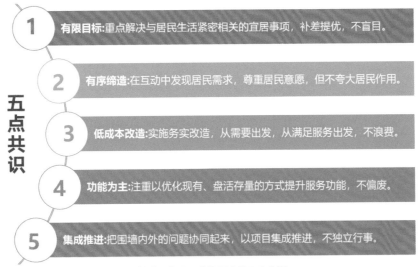

五点共识

1 **有限目标:**重点解决与居民生活紧密相关的宜居事项,补差提优,不盲目。

2 **有序缔造:**在互动中发现居民需求,尊重居民意愿,但不夸大居民作用。

3 **低成本改造:**实施务实改造,从需要出发,从满足服务出发,不浪费。

4 **功能为主:**注重以优化现有、盘活存量的方式提升服务功能,不偏废。

5 **集成推进:**把围墙内外的问题协同起来,以项目集成推进,不独立行事。

姚坊门宜居示范街区改造五点共识

### 3. 功能优先

街区更新重在"更新"功能,在更新的过程中,有机会让设计团队重新认识设计团队熟识的公共空间:它们存在的价值是什么,它们该如何发挥好公共服务的功能?循着这样的思路,设计团队把关注点聚焦到群众的需求上来,通过"掌上云社区"利用大数据方法解读群众日常的反馈意见,通过12小时"扫街"的方式,记录街区内各种人群的行为状态,包括他们聊天的方式,走路的姿态、跳广场舞的场地选择、接送孩子时的表情,等等。这些信息给了设计团队丰富感知街道功能的启示,在此基础上,需要设计师在改造过程重点关注的则是把这些需求功能与可能的待改空间进行结合,形成可为群众提供各类服务的功能性空间。

"掌上云社区"民生问题话题分析      街区人群行为分布图

（1）小区里的公共空间

"一个小区改造成功与否，50% 要看停车矛盾化解如何。"这是一位街道物管干部的切身体会。设计团队对小区的可利用资源进行大量的盘活再利用，并把小区停车空间改造与街道停车设施共享进行了关联，内部解决一部分，外部共享一部分，矛盾就减少了大部分。街区设计师以挖掘空间潜力来改善停车难问题，在满足消防安全、公共绿地量以及居民日常休闲的前提下，挖掘各类潜力空间改造为停车设施。设计团队结合小区道路沿线空间设置路内停车泊位，也利用住宅背向院落和边角零星用地布设停车泊位，增设的停车泊位尽量选择在小区边缘的地段，既满足了居民夜间停车的需求，又能尽量减少对居民日常活动的影响。

住区停车空间改造

街区停车设施共享

停车场配置充电桩

沿街带状停车场

（2）街道上的步行空间

提升街道步行体验，优化街道步行空间，是提升街区宜居品质的重要内容，当设计团队观察路上的行人，亲身感受步行体验，很多待改的问题就会浮现出来。在尧化门，设计团队发现因为快速城镇化过程中部分路段先有的厂区、家属区，后有的道路，造成部分道路的步行空间极为不连续，无法形成贯通的步行体验。

　　循着这些问题，各式各样的改造策略便形成了，比如通过联系学校与周边小区通学道的建设，通过调整，将原来平均不足 1.5m、最窄 0.5m 的步行道路，拓宽到平均 2.5m、最宽处可达 3m。改造后的可喜变化，就是孩子们从原来跟在家长后面亦步亦趋，变成了并排地蹦蹦跳跳，嬉笑言谈。通过把通学道、林荫道、健身步道合一，把小区、学校、街头公园进行了整体串联，让道路发挥全龄友好的作用，街区内的生活品质就这样一点点提高了。如果再进一步延伸，通过增设街道家具、增加交往空间、拓展底商空间等方式让行人的步伐慢下来一点，街道的活力就有机会增加一点，而这些改变都取决于对街道的步行空间实施怎样的改造提升。

尧和通学路

邻安路绿道

燕尧路绿道

街区绿道

　　（3）零星散布的街角空间

　　实现居民步行 3 分钟便可到公园是设计团队既定的工作目标。在分析了各类绿化空间、闲置空间的基础上，设计团队优化调整出 7 个口袋公园，并赋予公园不同的定位。例如，设计团队将一所小学围墙外的废弃建筑堆场改造成家长接送学生上学放学的"候学区"，在场地内增加休息座椅、林荫树、文化小品设施等，让家长

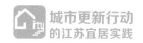
接送学生时更舒适更从容。同时，场地的设计叠加了多功能复合的理念，提供给不同人群分时共享的机会：上课时，是学生们的活动场地，放学后，成为周围群众休闲健身的口袋公园。设计团队给这项实用且富有创意的改造取了很文艺的名字"等待的一万种可能"，该设计作品荣获第六届"紫金奖"建筑及环境设计大赛一等奖金奖，如果要总结获胜关键，设计团队认为是从学校门前的方寸空间里发现了人情冷暖的民生大需求。这样的改造还有很多，例如尧新大道上两处原本只能被动通过的街头游园，经过需求调研与人性化改造，融入了居民们喜爱的舒适座椅和热闹的儿童活动场地，一下便激活了两块闲置空间，让两处口袋公园实现了从"走过去"到"停下来"的转变。

尧新大道口袋公园　　　　　　　　　　　　燕尧路候学区

（4）各自所有的公共资源

由于本次打造的宜居街区基本上都是已经建成的物质空间，可供新增和优化的空间非常有限，很难满足更多的宜居需求。于是，设计团队把目标锁定到街区内各类可以盘活的公共资源上，尤其是过去存在的争议空间、夹缝空间、专属空间、低效空间、封闭空间等，把这些原本可以属于大众的空间释放出来，让街区内甚至更广泛的人群能够使用。在这个过程中，并不仅仅需要设计团队和街道方、社区方的努力，更需要居民、物业公司、学校、企业等多方力量协商共谋，并在此基础上通过优化管理方式、物质空间再造等手段最终实现公共资源的重新释放和分时共享。

例如，姚坊门街区具有"拆迁安置小区多""工矿企业多""家属大院小区多"等特点。2018年国资委要求"三供一业"小区从国有企业分离并移交给地方管理，这就导致企业、企业家属、街区居民之间对原本属于企业、但改革后又属于公共资源的空间产生了争议。经过我们与街道方的共同努力，通过设身处地与居民、企业、学校等各方沟通，不断摸索解决问题的新方法、新路子，达成了许多可喜的成果：统一物业管理公司，安装人脸识别系统，让"藏"在小区里的篮球场、羽毛球场、乒乓球场变成了可以供更多人共享使用的体育资源；加强管理后，学校将部分地下停车场的车位分时共享出来，供周边居民晚间停车；街道方挨家挨户谈判，部分商家的厕所资源得到释放，挂上了"共享厕所"的标识；整治环境、安装摄像头，让原本两个小区围墙之间存在的夹缝空间重新利用，不仅加固了围墙消除了安全隐患，还为两个小区增加了30个停车位。

社区共享篮球场

共享厕所

学校共享足球场

学校共享停车场

（5）容易忽视的围墙空间

围墙作为联系内外的关键媒介，也可以变成服务街区居民的载体。通过调整围墙，设计团队为街道释放出可以无障碍通行的步道，把街区文化植入到围墙之中，把围墙跟集装箱相结合，形成点亮街道的新公共空间，阅读、茶吧、健康监测也有了可以植入的地方，设计团队通过围墙通透、绿植点缀、座椅增加，让街道有了坐下来休息的条件。设计团队尝试用植物墙代替砖墙、水泥墙，把园林引入住区，把封闭式围墙改造成开放式栅栏、绿色篱笆、透视花墙，使住区与庭园风景融为一体，让绿化景观渗透到每个家庭，为宜居街区增绿添彩。

设计团队将原本封闭、单调、乏味的围墙转变为多种功能集成的载体，它可以

作为艺术家们创作的展廊，可以作为精神文明宣传的橱窗，还可以作为24小时开放的微型图书馆给居民们提供精神食粮。当然街区内需要进行功能性空间再利用的示例还有很多，例如通过新建建筑和调整内部功能，形成服务周边的邻里中心。

计算新村集装箱

集装箱构造

### 4. 长效管理

改造工作有"五多、一长、一大"的特点，即涉及改造事项多、涉及环节多、涉及工种多、涉及部门多、涉及群众多，历时时间长，耗费资金量大。面对这样的改造工作特点，如果没有一支强有力的工作队伍，很多工作将难以实施。这支队伍并不是一开始就有的，而是不断汇聚起来的，"仗"打完了，回头总结，才发现，居然由5支队伍组成。

（1）一支特别能战斗的党员队伍

尧化门街道党建工作有传统，党员队伍执行力强，与群众关系密切，善于开展群众工作，善于动员群众。在这个过程中，集团设计团队从开始的技术项目组逐渐变成了党员项目组，集团技术中心党支部与街道物业党支部结成了共建关系，大家是在实实在在的日常工作中拧成一股绳，党建引领发挥了关键作用，越到困难时，越是能够体会一支特别能战斗党员队伍的独特作用。

党支部共建签约仪式

街区环境整治党建活动

（2）一支自发形成的社区设计师队伍

与很多宜居改造工作一开始就成立社区设计师不同，直到工作进入到第二年初，姚坊门社区设计师队伍才水到渠成，其中有规划设计师、街道管理者、物业管理者、老党员、热心群众、媒体记者，甚至还有在活动中表现优异的学生。这个群体是在工作过程中汇聚而成的，每一个人都发挥了重要作用。

姚坊门社区设计师团队

（3）一支红色物业管理队伍

姚坊门物业公司是直属尧化街道的红色物业管理队伍，负责托底维护街道内安置房保障房小区、国企家属小区，实施低价收费、高标准作业、严纪律管理。这支红色物业队伍在宜居街区改造及后期维护过程中发挥了中流砥柱的作用，确保了改造全程参与，改后长效管理。

街区红色物业团队

街区红色物业管理队伍

（4）一支工程改造队伍

姚坊门宜居改造中涉及拆违、环境整治、协调工程施工项目时正是得益于这支特别能打硬仗的队伍，把做群众工作、化解过程矛盾、联系施工单位、沟通上级部

门及市政公用国企等难点工作担负起来。这支队伍正是在宜居住区改造、宜居街区改造过程中从无到有，从有变强的。

施工团队　　　　　　　　　　　　　　　　工程改造指挥队伍

（5）一支街区资产经营队伍

街区改造过程中，通过利用物业队伍拓展服务范围，利用盘活零星、闲置资源确保资产保值增值，利用增加公共产品实现新增营收，向街区资源挖潜，向增值服务挖潜，通过街区小经营实现了对街区长效管理的反哺，这是一种小切口的市场化实践。

街区资产运营管理队伍　　　　　　　　　　街区资产运营小组会议

一个具有普遍意义的普通街区宜居改造，虽然不能满足设计师对"诗画情怀"的追求，但却可以通过实实在在的小调整、小改造，让生活于此的居民感受到十足的烟火气，也让设计师有了坚定的底气。回顾宜居街区改造，对街区设计师的角色有了新认识。

社区设计师定期回访

① 求教者

街区改造有着复杂的过程，远非画几张蓝图，搞几场活动，开几场座谈会就能看清、看准的，要向街道同志学习、向群众求教，要从街道的工作机制中找到实施路径和工作方法，比了解群众表面诉求更为关键的是理解群众的心理需求，并将这些心理需求与他们的行为方式以及对空间、设施的要求形成关联。脱离了这两类群体，街区设计师将很难发挥真正的作用。

② 观察者

要学会深度观察街区的各类空间资源，各类街区设施，以及街区内各类群体的行为特征；以有限目标，寻找最大公约数，以小切口的改造工作，来满足最多数群体的需求。这种设计能力和判断力来自反复的观察和沟通。

③ 协调者

宜居街区需要在总体层面进行设计把控，包括改造的目标、改造的重点任务、改造项目的生成，通过沟通与各个层面达成共识，通过项目任务书、设计要点、图则、图纸等多种方式与相关团队进行协调，确保大家在一个方向上共同发力。

④ 陪伴者

宜居街区创建工作时间跨度长，涉及的事项繁多，街区设计师必须全身心投入其中，要全过程参与改造，确保对过程中的问题及时给出解决方案和调整意见，反思姚坊门宜居街区创建工作。留有遗憾的地方，往往都是参与度不够的地方。

宜居创建工作告一段落，宜居姚坊门街区正式进入长效治理阶段，每一个亲历其中的人都对它抱有信心，因为设计团队发自肺腑地感受到"姚坊门宜居街区是一个能够体现社会主义制度优越性的基层实践样本"，宜居街区治理已富有生命力，祝福姚坊门宜居街区明天更美好！

撰稿：**梅耀林** | 江苏省规划设计集团，党委副书记、总经理、研究员级高工

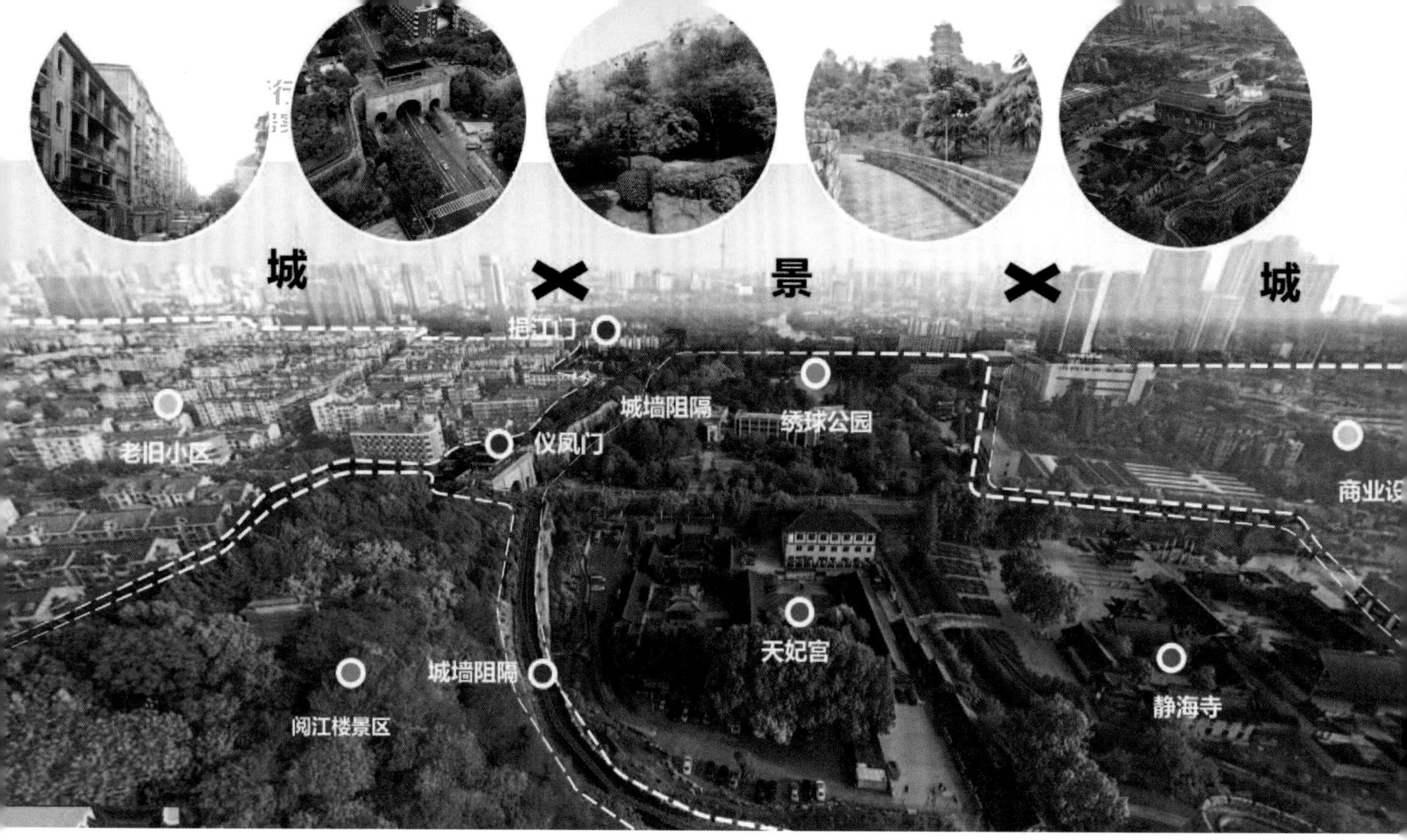
城
景
城
挹江门
绣球公园
城墙阻隔
老旧小区
仪凤门
天妃宫
城墙阻隔
阅江楼景区
静海寺

# 数字规划设计下的共同缔造：南京市阅江楼宜居街区

**用地面积**：118 万 $m^2$
**建成年代**：20 世纪 60—90 年代
**建筑性质**：公房（含房改房）2735 套，商品房 56 套
**人口情况**：24120 人
**基层治理情况**：涉及 3 个社区、14 个网格、16 个小区
**更新实施时间**：2019—2021 年

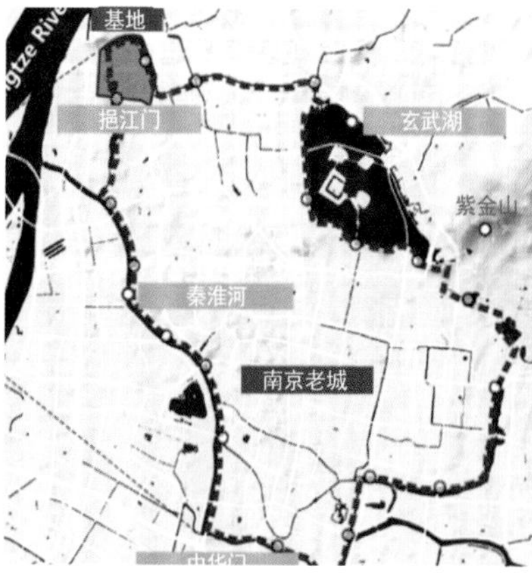
基地
挹江门
玄武湖
紫金山
秦淮河
南京老城

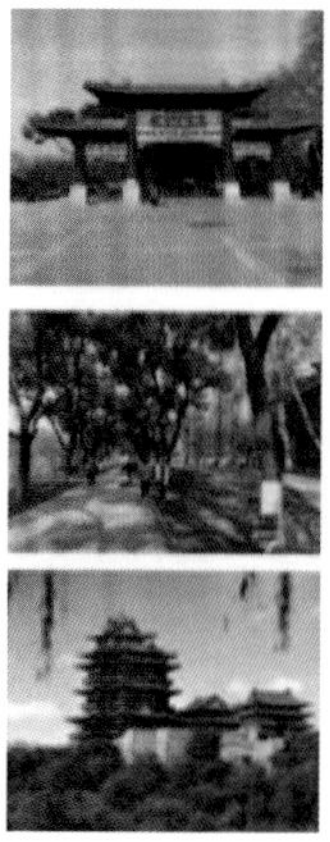

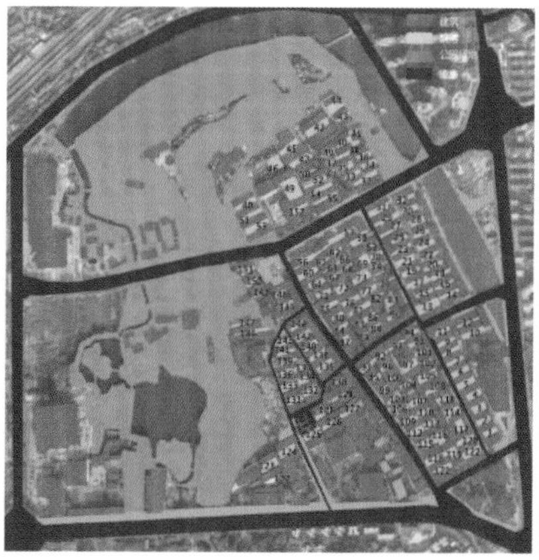

**地点**
南京市鼓楼区下关街道

## ◎ 基本情况

阅江楼宜居街区位于南京市鼓楼区下关街道，规划范围北至郑和北路，南至中山北路，西至热河路，东至城河南路与虎踞北路，总规划面积约 118 万 $m^2$。街区内包含阅江楼、静海寺、天妃宫等名胜景点，护城河、狮子山、绣球公园等自然山水，大观天地、阅江广场等商业体。街区包含 5 个社区，总人口约 24120 人，60 岁及以上的人口占比达 31.39%，人口老龄化问题较严重，社区公共环境与服务设施陈旧老化，也缺少针对老年人的特定活动空间。阅江楼街区共有 151 个院落，相对于周边居民社区具有独特的熟人社区特征，邻里关系紧密、居民相互熟悉。这种特有的邻里关系，使得阅江楼街区居民对于其所生活的社区环境具有强烈的心理认同。阅江楼宜居街区以老城片区新民门社区、多伦路社区和盐大街社区为核心片区（总面积约 72 万 $m^2$），以多伦路、盐大街为主线，对小区院落、公共空间、街巷形象、市政设施等进行综合整治提升，建设内容主要包括：基础设施更新、交通体系优化、公共空间提升、街区氛围营造、智慧街区打造等工程。

## ◎ 案例特色

### 1. 数设结合下的多方意见表达与数字集成

阅江楼街区作为老旧住区，其建成环境较为复杂。项目团队运用 LBS（基于位置服务）人群动态大数据等数字化技术，通过"源、径、流"等九个维度对阅江楼街区现状进行综合感知。并结合实地调研访谈，将定量研究和定性判断结合起来，从数字化采集、调研、集成到数字化分析，全面剖析了老旧小区空间特征下的隐性规律，为设计前的"多方意见表达与集成"提供了数据空间基底，为设计中的"多方交互式设计"提供了急需解决的问题抓手，为设计后的"九设合一下的集成型项目库构建"提供了设计成果整合依据。

针对如何有效地采集社区居民对社区不同空间改善的意见需求并合理选择的问题，本项目结合多源大数据智能分析等数字技术，包括"空间基底—意见填写—偏好分析"。首先采用大小数据结合的方式，采用倾斜摄影技术将阅江楼街区的建筑、道路、山体、水系等数据作为基础，建立场地的三维空间模型，作为居民意见采集的空间基底层。

结合倾斜摄影技术构建阅江楼街区三维空间模型

在空间基底基础上，当地居民可以提出不同的意见与问题，例如：最喜爱的景点，最脏乱差的地方等。居民意见则会根据市民的分享采集具体的街道地点和时间，对居民意见进行偏好采集并形成故事地图，从而更好地将海量的居民意见进行有效梳理与分类，有针对性地呈现给社区规划公众参与者。同时借助社区多源大数据，对居民意见进行即时数据分析，呈现出人群活动特征、植被绿地特征、停车空间特征等生活规律特征，并进一步结合数据分析筛选意见之间的内在关联与矛盾冲突点。

意见访谈与居民空间活动大数据分析相结合

### 2. 数设结合下的多方交互式设计

规划师与社区共建模式是通过开放式工作坊来实现的。共同缔造工作坊的构成群体包括民众、国际及本土规划师和政府人员，工作坊基于社区中的多方面问题，对社区进行以居民日常生活为导向的规划设计。

（1）社区规划师制度：确立"社区规划师"制度，社区规划师依据上位规划、城市设计导则、相关技术规范等开展专业咨询、设计把控、实施协调、技术服务等工作，为街区的建设管理提供高质量、精细化的技术咨询和指导。与东南大学、长航油运公司等单位缔结宜居街区共建联盟，聘请大学教授、社区居民作为"社区规划师"，并成立由更多专家学者组成的"阅江楼宜居街区创建工作坊"。

社区规划师组织并参与阅江楼宜居街区创建工作坊

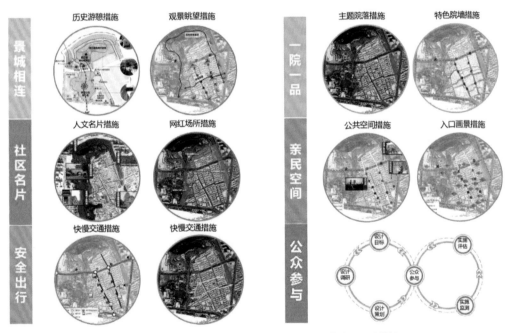

阅江楼宜居街区的6大场景式设计策略，10项具体空间改造措施

（2）亲民空间的场景式设计策略：社区的设计策略以提升居民生活品质和社区公共空间活力为目标，提出了"景城相连""社区名片""安全出行"等针对性的设计策略，并具体通过"快慢交通措施""入口画景措施"等具体措施予以空间优化，从而更好彰显阅江楼景区资源，活化片区，推进景区—社区打通。通过对街道空间、公共活动空间进行改造，使老人放心无忧地走出家门，与人交往，享受宜人的社区环境和便利的城市生活。此外，还对场地的设施进行补充和完善，并改造和更换不适宜老人使用的场地设施，避免由此产生的意外事故，以及空间质量下降、空间浪

费的情况发生。

（3）一院一品的特色院落空间营造：在对社区 151 个院落空间进行环境分析和梳理分类的基础上，项目共选择了 24 个院落空间实施"一院一品"策略，每六个院落为一个主题，院落内植物按主题设计，种植会在同时期开花或变色的植物群落以及可食用的瓜果蔬菜；同时结合梳理分类所得的四类典型院落，从景观硬质、构筑物、竖向空间、绿植等多个角度针对性地提出设计策略。

"一院一品"策略下的可食用主题院落引导图

"一院一品"下的典型院落设计改造方案图

### 3. 数设结合下的集成型项目库构建

阅江楼街区作为有一定代表性的老旧小区，需要合理有效地将空间微更新与各社区中的既有立面出新，将管线下地等不同空间类型与建设时序的项目相统筹，并在存量有限的街区中合理落实不同尺度的设计成果。本项目探索式地提出了九设合一的集成项目库构建模式，包括小区出新、立面改造、管线下地、雨污分流、节点建筑改造、街道整治、一院一品、装置艺术、景观环境。并结合阅江楼街区的现实需求，在近期重点开展以多伦路集成项目等为代表的五大集成型项目。

（1）花家桥街集成项目：通过对花家桥沿线重要节点的景观改造，突出整个片区南部的入口形象，形成具有独特文化历史底蕴的社区南部入口景观。

（2）多伦路集成项目：通过特色口袋公园营造，可食用植物种植等策略，针对性打造"一院一品"。设计力求满足社区人群不同功能需求，使社区成为人与人能发生美好交流与互动的社区，一个有温度，有情感连接的社区。

（3）新民路东西贯通集成项目：通过景观改造提升整体街巷品质，局部节点增加休闲展示空间，形成连接片区东西向的景观绿色走廊。

（4）滨水集成项目：设计通过增加滨河栈道，贯通了街区南北步行空间的同时，延续了与阅江楼景区的景观游线；同时，增加特色休憩设施以及滨水植物景观的营造，打造一处吸引周边居民及游客的特色滨水景观游线。

（5）驴子巷—黄土山路北段集成项目：设计通过引入吸引社区内儿童参与的无动力儿童活动设施的方法进行了适老与适小化改造，解决了场地在社区内位置较偏僻的难点。同时通过秋色树种造景的手法，将场地与城墙融为一体。

### 4. 共同缔造下的共建联盟

项目以省级引导资金及区级财政资金保证，按照政府财政资金使用规范和要求，严格投入管理、过程管理、产出指标、效果指标等环节把控。配套资金到位，财务制度规范，管理制度健全，申报、审核、研究、拨付以及监管制度流程完备。省级引导（专项）资金已按项目安排使用，资金使用符合工作目标。

项目实施过程中，发挥街道党工委和基层党组织的组织力和动员能力，以宜居街区建设为重要实践，推动宜居街区建设有效落实和片区环境品质有效提升，激发基层治理活力动力。创建下关街道阅江楼"社区建设"联盟。凝聚街道、社区、社会组织、驻区单位、"两代表一委员"、居民、志愿者等各类主体，充分调动社会资源，形成自我服务、共同协商、共同参与、共同解决问题的党建引领工作模式。

自 2019 年以来，先后召开各种类型议事会 30 余场，为宜居街区打造构建了良好氛围。坚持以居民需求为导向、多方参与为动力、以宜居、宜业、宜乐、宜游为目标，按照共建、共治、共享发展理念，积极探索街区共建模式。缔结宜居街区共建联盟。街道与东南大学、长航油运公司等 10 余家单位签订共建协议，确立"社区规划师"制度，社区规划师依据上位规划、城市设计导则、相关技术规范等开展专业咨询、设计把控、实施协调、技术服务等工作，为街区的建设管理提供高质量、精细化的技术咨询和指导。组建"阅江楼宜居街区创建工作坊"。成立由更多专家学者构成，包括民众、国际组织、社区规划师、政府人员、政协委员和志愿者的建设工作坊。工作坊基于社区中的多方面问题，对社区进行以宜居为导向的规划设计。通过开放式工作坊来实现规划师与社区共建模式。项目采用基于民生的公众参与社区营造方法，设计前综合收集居民意见，并进行偏好分析；设计中多次与居民召开方案讨论会，汇聚多方意见，对设计方案进行修改；设计后鼓励居民参与施工，对小区、街道、院落环境进行改善。突出公众参与度，以解决群众急需为导向，最大化地满足居民群众的环境功能要求，争取最广大群众的理解。

◎ **实践成效**

### 1. 人居环境改善

一是基础设施更新，激发老城片区生机活力。近几年来，下关街道完成老旧小区出新 152 幢、37.2 万 m²，完成街巷整治工程 63 幢、12.8 万 m²，完成多伦路杆线下地工程和盐大街两侧、多伦路两侧小区雨污分流改造修缮，按照市、区关于险房消险加固的工作要求，全面启动 72 幢险房排险治理。

二是交通体系优化，改善居民出行还路于民。通过老城片区 3 个社区的街巷支路及辅路的系统梳理街巷空间和院落空间，提高街巷消极空间利用率，释放积极空间，对现有停车空间进行梳理优化；对目前多伦路、北祖师庵等路车流量较大路段，通过人车分流、机非分流、优化通行规划等方式，提升街巷交通能力。针对西北护城河滨水步道与景区阻隔的实际，实施滨河步道贯通和环境整治提升。与区城管局、水务局协调，调整原有公共设施空间布局，通过退让、挑台等方式，使居民区与阅江楼、狮子山风景区相连，同步提升滨河步道景观形象。通过整治达到了贯通步道、景城相连、步道提升、绿植更新、景观提质的目标，为片区居民提供景观宜人、季节特点鲜明的步道景观。

三是公共空间提升，营造便民宜居休闲场所。以多伦路街巷为核心，向沿街院落辐射，打造"一院一品"特色院落。综合考虑院落空间原型、活动要素、景观要素、联系要素等特征，区分四类典型院落，打造主题院落体系。通过对院落空间梳理、功能引导、景观要素出新设计等方法，在规划区域内选择可实施院落，合理规划闲置空地，合理设置院落停车空间和非机动车停车区域，针对性打造 "一院一品"。改造提升和新建、便民休闲广场 15 处 5300m²，新建整修车棚 1600m²，整治提升路面、步道、活动场地等 8200m²，施划沥青道路及车位 2800m²，改造 900 个雨污井盖，增设健身器材、桌凳、晾衣架等便民设施。

西北护城河滨水步道贯通改造前后对比

盐东街 21 号院改造前后对比

宜居驿站改造前后对比

四是智慧街区建设，提升基层社会治理水平。构建以"5G"为基础平台的智慧安防、智慧停车管理、智慧物业和智慧社区，实现小区智慧安防、门禁、楼道灯和监控全覆盖；针对现有老旧小区楼道灯感应度不高、扰民和照明死角等问题，开发定制低功率、高亮度、自组网、自感应式智慧楼道灯，构建小区楼道灯联网平台，实时监测楼道灯运行状况，实时感应采集用户数据；通过增量新建和存量改建的方式，打造多伦路沿线智慧路灯网系，集成监控、公共信息发布、大气污染感知等功能。截至2021年，多伦路沿线小区增设32套门禁系统，完善小区内56个监控点位，更新82个单元楼里智能灯500余盏，多伦路、盐大街沿线新增8套智慧路灯、改造存量路灯35个，建设护城河3个污水检测点位。

智慧路灯建设范围和实景

## 2. 城市活力激发

依托片区内文化产业资源，打造独具阅江特色的文化品牌。以"城关往事，下关新图"为主题，以"以人为本"为设计理念，采用现代、时尚的表现手法、具有艺术气质的色彩和造型，结合生态环保的理念构成丰富的设计语言。打造可住、可商、可赏、可娱、可憩的宜居街区。主要实施内容包括："阅享家"系列活动筹划，整合街道、社区文化活动，通过线上、线下多种途径，采取传统文化活动、特色活动等多种形式，丰富片区居民文化活动内容，引导居民主动参与，浓厚街区文化活动氛围。

"阅享家"社区文化系列活动

阅江楼宜居街区文化品牌塑造实景

## 大家声音

邮电大院居民魏苏宁："我是一名住在新民门社区 10 多年的老居民，对情况比较熟悉，在宜居街区建设过程中，我可以把居民对宜居街区建设的期望和要求表达出来，起到桥梁和纽带的作用。"

新民门社区居民龚寿敏："我的感觉是，此次宜居街区改造实施后，山更清、水更秀、路更平、灯更亮，人民安居乐业。我感到非常温馨，这是在地方政府的关心和领导下发生的巨大变化。"

国际城市与区域规划师学会（ISOCARP）奖项评审委员会公布的阅江楼宜居街区规划项目专家评选意见："该项目在可持续性发展和规划方法的可复制性方面同样表现优异。阅江楼项目的规划过程考虑了与发达国家、发展中国家和欠发达国家有关的城市规划及发展过程的正式和非正式方面，利用在地性的知识和资源，以及社区公众参与建设减少了对大量公共资金投入来源的依赖。"

撰稿：**杨俊宴** | 东南大学智慧城市研究院，副院长

"已改造"

阅

# 阅江楼宜居街区

# VS

"未改造"

# 建宁路196号小区

建

41% 阅江楼宜居街区

23% 建宁路196号小区

**60 岁以上人口占比**

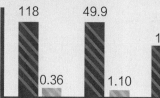

**1960-1990 年**　　**1978 年**

| | 118 | 49.9 | | 12 | | 2116 | |
| --- | --- | --- | --- | --- | --- | --- | --- |
| | 0.36 | 1.10 | | 0 | | 1214 | |
| | 用地面积 /万 m² | 建筑面积 /万 m² | 危房整治 /万 m² | | 违建拆除 /m² | | |

4747 户

196 户

**户数**

24120 人

600 人

**人口**

老城区典型的居住型街区，人口老龄化较高，住宅老旧，住宅小区院落规模小、楼栋数不多、空间局促。

位于阅江楼街区范围内，与街区内已整治的小区空间类型类似、居民年龄结构、居民收入水平相近，即将开展以院落为空间单元的综合整治提升。

**房屋建筑**

建筑改造

风貌感受

**公共活动场地**

绿地率

36.26%　　28%

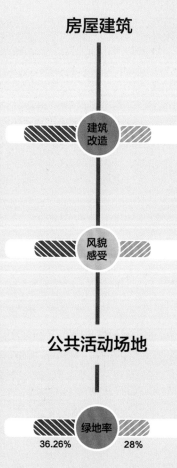

## 公共活动场地

宜人
程度

## 交通出入环境

车位
新增

路边 19 个，
内部 50 个

原 12 个，无新增

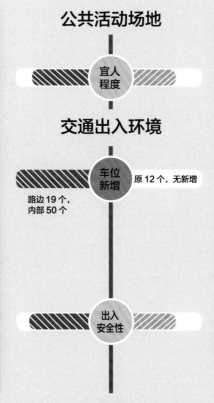

出入
安全性

## 物业管理

| | 物业管理类型 | |
|---|---|---|
| 改造前：无物业　改造后：世茂物业 | 物业管理类型 | 改造前：无物业　改造后：世茂物业 |
| 2021 年 9 月 | 物业公司入驻时间 | 2021 年 9 月 |
| 0.35 元 /m² | 物业费 | 0.35 元 /m² |
| 无 | 物业费收缴率 | 无 |
| 有固定的垃圾分类租房，一类亭房 3 个，二类亭房 10 个 | 生活垃圾分类情况 | 无 |

## 配套服务

| | | |
|---|---|---|
| 1658m² | 社区活动用房建筑面积 | 无 |
| 1250m² | 老年人服务设施建筑面积 | 无 |
| 无 | 便民服务提供情况 | 无 |

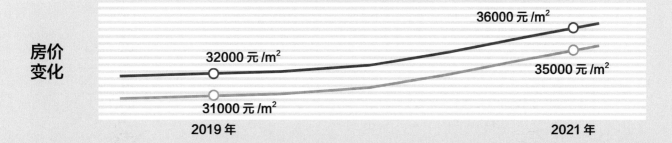

**房价变化**

36000 元 /m²

32000 元 /m²

35000 元 /m²

31000 元 /m²

2019 年

2021 年

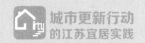
**大家声音**

下关街道胡主任："阅江楼宜居街区的建设为我们积累了宜居改造的实践经验，未来在街区内外的其他更新改造，也会继续沿用宜居街区的工作方法，以及系统化全局提升改造方式建。建宁路 196 号院的改造不再是简单的老旧小区楼栋出新，而是我们'一院一品'的人居环境综合提升。"

## ◎ 小结

1. 阅江楼省级宜居街区面积达到 118 万 m²，街区南部在 2019—2020 年形成试点建设阶段性成效后，进一步向北覆盖至建宁路北侧的老旧小区。

2. 下关街道延续宜居街区的更新改造理念和工作思路，遵循街区整体"一院一品"的宜居化路径，转变老旧小区改造的模式，将单纯的楼栋风貌出新拓展为整个院落人居环境的综合提升。

3. 在空间改造上，结合阅江楼街区小区院落规模小、楼栋数少、空间局促等特征，因地制宜通过院落的互联互通，院落内外资源的同步提升共享，重点解决居民日常的停车、充电、晾晒等基础需求。

4. 在技术运用上，下关街道借助阅江楼宜居街区的设计成果，通过院落模块化改造信息平台对建宁路 196 号院进行定制化设计，满足居民的需求。

# 外来人口密集街区的可持续改造管理探索：昆山市中华园宜居街区

**用地面积**：78.8 万 m²

**建筑面积**：中华北村 11.48 万 m²，中华西村 11.21 万 m²，中华东村 20.40 万 m²

**建成年代**：2000 年左右

**房屋产权类型**：商品房 35%，保障性住房 65%

**人口情况**：6535 户，42150 人

**基层治理情况**：涉及社区 1 个，网格 15 个，小区 4 个

**更新实施时间**：2019—2021 年

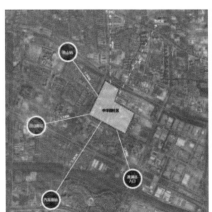

**地点**
位于昆山市开发区，临近昆山南站、昆山站、
出口加工区等

◎ **基本情况**

中华园街区建成于 2000 年左右，是支持昆山综合保税区建设形成的集中安置片区，地处城市门户地区，距离昆山南站、昆山站、综合保税区等行车时间均不足 10 分钟，是昆山城市建设、产业发展与人口构成的典型代表，也是昆山城市发展的缩影，支撑了昆山城镇化、工业化与如今高质量转型发展阶段。中华园街区是本地和外来人口混居的街区、外来人口占比超过 80%，是户籍人口高度老龄化的街区，也是流动打工人群的非正规集散点。

昆山以中华园省级宜居示范街区创建为试点，以"惠民生、促发展、强治理"为目标，聚焦"居民所需的民生问题、城市转型的发展问题、长效管理的治理问题"，从"围墙"内走向"围墙"内外融合，从单一住区视角转向整体街区视角，突出"共同缔造"理念和系统化思维，探索将住区提升建设作为美丽宜居街区整体塑造的项目生成基础，建设一批"共建共治共享"的美丽宜居住区、美丽宜居街区，走出一条住区—城市联动的老旧小区改造"昆山之路"。

◎ **案例特色**

### 1. 探索导则式改造更新路径

在省宜居示范住区创建"十有十无"的要求和对标学习上海旧区改造微更新的基础上，坚持问题导向，改造内容求"全"；坚持特色导向，规划设计求"精"；坚持治理导向，管理模式求"变"，以民生保障为重点，突出精准优化、精致营造和精细管控，围绕基本环境整治、乐居品质提升、社区活力培育、长效管理提升"四大方面"，结合昆山实际，建立老旧小区改造"十四项菜单"。以"微更新""微干预"的方式实现资源集约利用下的精准优化，提高小区空间与环境品质。

| 交通组织优化 | 房屋修缮出新 | 基础设施改造 | 公共设施配套 | 公共空间塑造 | 环境整治美化 | 城市功能链接 | 强化适老改造 | 强化党建引领 | 践行绿色理念 | 外来人口融合 | 物业管理长效机制 | 社区治理长效机制 | 违建治理长效机制 |

老旧小区改造"十四项菜单"

### 2. 坚持以人为本，汇聚围墙内外多方意见

搭建社区交流平台，全方位推进宜居住区建设。建立"主管部门 + 城市管理办事处 / 平台公司 + 技术单位 + 街区议事会"多方协同工作模式，充分发挥基层党组织在城市管理、社会治理中的"火车头"作用，利用"互联网 + 共建共治共享"等线上线下手段建立小区议事制度，群力群策讨论协商。加强走访调研，主动了解居民诉求，保障不同背景的居民在每个环节拥有对话和表达诉求的机会，同时行使决策权和监督权，促进居民达成共识，培育街区共同体。

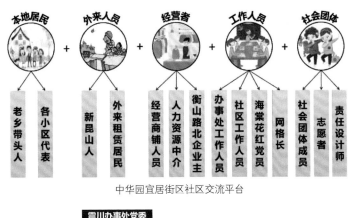

中华园宜居街区社区交流平台

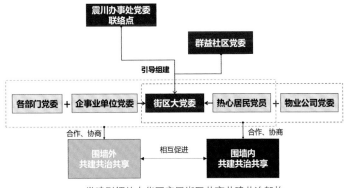

党建引领的中华园宜居街区共商共建共治架构

### 3. 由"微更新"向"微基建"转变，串联围墙内外基础设施

推广街区式的改造模式。注重基础设施建设和公共服务配套集成，妥善安排老旧小区改造与周边项目建设的同步谋划、同步施工，实现公共空间的精准优化和精致营造。通过连片整体提升将改造影响最小化，改造成效最大化。中华园宜居街区创建项目以老旧小区改造为契机，进一步规划和梳理街区空间，以"块"为单位集成推进。同步开展嵩山路、衡山路街道环境整治、东安江滨水空间提升、街区停车整治、建设无障碍盲道系统、菜场更新改造、学校、幼儿园、公共厕所新建等。进

一步营造"15分钟生活圈",满足居民"最后一公里"需求。推进"昆小薇·共享鹿城行动",拓展街区空间功能复合利用方式,打造集运动休闲、文化娱乐、互动交流等多功能于一体的泰山路小游园等街头游憩公共空间。

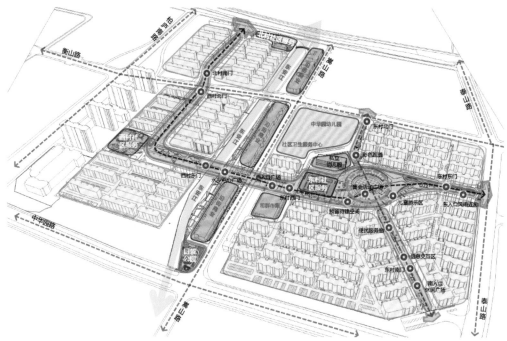

中华园宜居街区连片提升结构

东安江滨河景观提升

### 4. 从"小微更新"到"完整社区"

在提升住区公共环境品质基础上,从完善配套设施、住区功能织补角度进行系统性的更新。与阿里巴巴集团达成合作,在中华北村引入全国首家菜鸟驿站综合服务站,集快递代收代发、包裹纸箱回收、衣服送干洗、社区团购等服务于一体,激发社区生活圈建设,满足居民"最后一公里"需求。

在中华西村改造中充分挖掘利用存量资源完善优化配套设施，以 322m² 的"集装箱"打造居民议事会和"永远跟党走"公益服务驿站，集办公室、吧台、裁缝部、阅读场所等功能，满足居民使用需要。生态化改造扩建三个社区用房，增加儿童阅读、老年日间照料、党群活动等功能，形成全龄服务中心。

中华北村菜鸟驿站综合服务站

中华西村"集装箱"打造居民议事会和"永远跟党走"公益服务驿站

### 5. 社会力量多元参与，由"独角戏"向"交响曲"转变

创新性地探索建筑所有权、承包权和经营权分离运营管理模式。在产权不变的前提下，将中华西村、中华东村、社区用房改造主体调整为文商旅集团下属国有企业昆山国衡公司，由其负责投资和建设。按照"谁投资谁受益"原则，改造后的小区、社区用房由文商旅集团所属物业公司管理、经营，实现投资、建设、管理和回报全过程闭环。

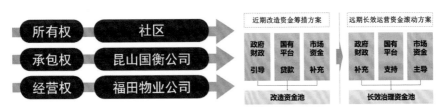

社会力量多元参与示意

积极同管线部门沟通，引导管线专营企业出资参与改造，明确市财政和管线单位资金承担比例。强电设施改造费用由供电公司积极向上争取政策，建立"一事一议"机制；通信设施改造费用由移动、电信、联通三家运营商承担60%，市财政承担40%；有线电视设施改造费用由江苏有线昆山分公司承担40%、市财政承担60%。加快小区改造后的"三线入地"工作。

### 6. 探索金融机构以可持续方式参与

"银政企"合作推动住区街区联动塑造、探索市场化可持续运作模式。中华园街区老旧小区社区中心改造工程，社区用房从3300m²，增加至1.5万m²，在保障5000m²最低社区用房基础上，增加了1万m²建筑空间。参考周边商业建筑价格，通过改造为社区增值1.5亿元固定资产，每年收益550万~1000万元租金。近期可用于企业投资回本，远期可反哺社区，为社区长效管理提供资金支持。在此基础上，中华西村在省内创新实施多元资金筹措。中华园街区社区中心改造工程计划投入资金9500万元，融资7600万元，首批3000万元贷款已经到账使用。针对既有多层住宅增设电梯，政府给予不超过25万元/台资金补贴，同时推出"加梯贷"，最高贷款30万元。截至2021年，中华园街区首台增设电梯项目已进场施工。

中华园宜居街区三个社区中心

### 7. 凝聚改造合力，落实全过程管控

依托昆山市城镇老旧住区改造提升领导小组和中华园街区创建省级宜居示范街区工作领导小组，建立联席会议制度，行业部门、城市管理办事处、社区上下联动。目前已形成城市管理办事处实施，住建部门行业管理，市重点办考核督查的推进架构。

在改造整治上，引入先整治后改造，加强同街道办事处以及城市管理、自然资源和规划等部门的协作，以"美丽昆山"住区环境整治和"331"专项整治行动为契机，对改造小区的违法建设、车库住人等问题进行集中整治，为后期改造奠定坚实的基础；在流程审批上，进一步梳理办事流程，明确老旧小区排水设计方案以实际情况为准向水务局进行登记备案，取消房建图纸审核环节，市政道路由市图审中心组织专家进行评审，切实提高办事效率。在配套设施上，加强同民政、体育部门的沟通，推进养老设施、文体设施的引入，提高改造标准，提升小区宜居品质；联手政法、公安等部门，引入信息化手段，打造智慧小区。中华园街区内3个小区均完成智慧化改造，中华北村投入使用。同步建立消防、监控等安全应急管理机制。

与市建设工程质量安全监督站建立联动机制，加大施工组织、工程质量、安全防护等日常检查力度，把好老小区改造设计、施工、验收"三道关"。针对宜居街区建设项目，开展全过程的驻场跟踪服务，提供以工程管理为主要内容的项目咨询服务，配合施工项目的招标工作，办理工程建设报批手续，参加工程设计方案的论证评审，协调并监督各实施主体的工程进度、整体效果等。

改造前"331"整治　　　　　　　　　　　　　　质安联动，带班检查

### 8. 践行共同缔造，发动居民参与

为了践行"共同缔造"理念，营造同居民"共商共建"的良好氛围，让居民参与老旧小区改造全过程，成立了由8位小区热心居民组成的中华西村改造工程监督队，他们中有小区的老住户、社区老党员、志愿者骨干，也有曾经从事过建造相关工作的热心居民，一方面监督工人文明施工，另一方面及时收集居民意见。

在改造后的小区内定期举办活动，结合端午、儿童节、党建等节日或主题进一步丰富居民生活，寓教于学、寓教于乐，以现场互动体验方式，共享老旧小区改造成果。

中华园村改造工程监督队

"粽"情相约话旧改活动　　　　　　中华西村公益服务驿站迎"六一"活动

### 9. 深入开展长效治理

完善国有物业公司接管自管小区新模式。改造后的中华北村、西村和东村均委托文商旅集团所属物业公司管理，除了提供基础的安保、保洁、绿化、工程维修等服务项目外，还特别注重"个性化、人性化"的营造，增设特色服务项目。中华北村荣获"2020年度苏州市市级示范物业管理项目"的称号，是昆山首个获得"苏优"称号的老旧小区。

中华园红管先锋示范点、智慧系统数据库、家家通服务队

为进一步释放社区治理新活力，震川办事处与社会公益组织签约中华园宜居街区8个社会治理项目，包括双拥服务项目、儿童之家运营项目、中华西村社会治理项目、独居老年群体服务项目、街区文化记忆挖掘项目、星级出租屋打造项目、五彩益家运营项目和"益志力"联动共融项目。针对不同的人群开展个性化服务，同时注重新昆山人和本地居民的交流融合，通过各类专项性服务和系统性服务，旨在凝结各方力量缔造环境优美、建设精美、人文醇美的中华园，助力街区治理能力的提升。同步成立"宜居街区管家团"，发动居民共同参与改造后的街区建设和治理，提升街区居民自治能力，共谋宜居街区建设发展。

为宜居街区管家团颁发聘书 社会治理项目签约

## ◎ 实践成效

### 1. 人居环境改善

改造后的中华园街区焕然一新，小区实现了基本的人车分流，L形的景观绿带基本成型，居民有了悠闲交流的场地和空间，各项配套设施也逐步完善。群众反响热烈，问卷抽样调查居民满意度达90%以上。街区居民在谈论中华园街区的变化，称赞改造后的街区绿地广场多了，生活方便了，东安江的滨水环境变好了。

改造后的中华北村

改造后的中华西村

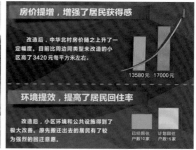

中华园街区口袋公园　　　　　东安江·活力跑道　　　　　中华园街区房价和回住率变化
（截至 2021 年 3 月底）

改造后，中华园街区房价随之上升了一定幅度，目前比周边同类型未改造的小区高了 2600 元 /m² 左右。改造后，小区环境和公共设施得到了极大改善。原先搬迁出去的居民有了较为强烈的回迁意愿。

### 2.投资就业带动

通过宜居街区建设，带动相关产业链运转，助力"双循环"。建设规模的扩大进一步带动了制造业和服务业发展，拉动投资，促进消费；钢材、水泥属于建材行业产业链；停车设备、绿化设备、电梯等属于建筑装修产业链；改造后的小区环境刺激居民房屋内部装修，带动家电、家具、家居装潢等以及汽车等居民的内部消费需求增长；刺激餐饮、零售、教育、养老等服务消费需求；在通信设施建设方面，光纤到户和 5G 建设的改造内容也进一步促进了新基建产业的发展。

### 3.城市活力激发

昆山制造业企业吸引了大量外来人口，老旧小区为外来人口的生活居住配套提供了很好的保障和补充。随着产业转型升级和外来人口素质的提升，对小区环境、品质的要求也越来越高。

中华园街区临近综合保税区，为综保区员工的生活居住配套提供了很好的保障和补充。中华园宜居街区的建设与城市高质量发展转型升级同步配合，补充了昆山城市所缺失的公租房、廉租房设施，这是最经济的途径，必将为城市发展带来综合效益。改造后优质的公共环境，也增加了新老昆山人的交流，加深新昆山人对城市的认同感，帮助他们尽快融入昆山的生活中。

中华园街区临近高铁站等城市门户，街区的提档升级成为门户片区一张亮丽名片，进一步吸引相关企业入驻周边，吸引外来人口就业、居住，进一步激活城市活力，从而促进城市发展。

中华园街区改造后的生活场景

### 4. 获奖、媒体报道等

中华北村老旧小区改造项目被评为江苏省宜居示范居住区、获江苏省人居环境范例奖；中华园宜居街区列入江苏省 5 个省级宜居示范街区创建项目之一；昆山市成为江苏省美丽宜居城市建设首批四个县级市试点之一。

截至目前，共有国家级媒体报道 8 篇、省级媒体报道 3 篇、苏州市媒体报道 4 篇、昆山媒体报道 35 篇，对中华园街区进行宣传。通过宣传报道，进一步凝聚了改造共识。

供稿：**潘志勇** | 昆山市住房和城乡建设局，副局长

# 住区与滨水公共空间串联改造：宜兴市东氿新城宜居街区

**用地面积：** 71 万 m²

**建筑面积：** 62.6 万 m²，其中公共建筑 13.4 万 m²，居住建筑 49.2 万 m²

**建成年代：** 2000—2016 年

**房屋产权类型：** 私有房产、国有房产等多类

**人口情况：** 3476 户，8181 人，其中 60 岁以上人口占比 10.3%，儿童占比 19.6%，中青年占比 70.1%

**基层治理情况：** 涉及社区 2 个，小区 6 个，改造前 9 个物业管理单位全覆盖

**更新实施时间：** 2020 年

宜兴市东氿新城宜居街区

**地点**

宜兴市宜城街道，北至东虹路，南至解放东路，
西至荆邑中路，东至枫隐路

◎ **基本情况**

宜兴市东氿新城街区总面积约 71 万 m²，居住人口 8181 人，街区内有 6 个居住小区、1 个商业街区、1 所小学和 1 所医院。与其他示范街区不同，宜兴市东氿新城街区具有建设年代差别大、城市功能多样、居民自治有力等特点，同时存在居住分异、设施老化、维护乏力、管理粗放等实际问题，是苏南先发地区县级城市早期开展新城建设的典型代表性地区。

选择东氿新城作为宜居街区试点的对象，主要考虑以下因素：首先，东氿新城街区的建设自 20 世纪 90 年代开始至今，在上位规划的指导下整体有序；虽然建设时序不同，但管理较为规范，社区整体氛围和谐。其次，东氿新城街区内既有住区、又有商业街、小学和医院，功能多样，其建设需求存在差异，具有很强的代表性。第三，以临溪花园为代表的拆迁安置小区建成至今已超过 20 年，停车设施不足、缺少教育设施、公共空间利用率不高等问题日益突出。最后，东氿新城街区内具有一定规模的公共空间，在集成施策、系统提升等方面具备较大潜力。

◎ **案例特色**

**1.针对发展症结，优化调研方法**

从前期开展的调研访谈来看，东氿新城街区现状主要呈现以下特征：一是由于不同人群的实际需求存在差异，住户对小区或街区居住环境的评价良莠不齐；二是许多参与调研的住户可能并不清楚街区内有什么，更无从判断现有的设施和公共空间存在什么问题；三是由于居住小区大多施行封闭管理，居民住户对其他小区的情况无从了解，"围墙内"的设施共享在现实中无法实现；四是在面对实际困难时，居民或住户由于缺少专业知识，往往难以分析问题产生的主要原因，更不清楚应当由谁来负责；五是居民或住户普遍比较担心"建好了谁来维护"的问题。基于以上特征，为进一步加深对东氿新城街区的认识，项目组针对"知""行""治"，制定了"多角度、多方式、多手段"的调研方法。

（1）多角度体验，及时准确掌握问题

为了更加真切地感受街区存在问题，项目组通过驻场调研的方式尝试融入居民日常生活，长时间、全天候体验街区，随时发现其中存在的短板，分析问题产生的原因。

为了更好地感知行动不便的残疾人和老人在交通出行方面的需求，项目组专门租借了轮椅，以有人辅助和无人辅助两种方式在街区内开展地毯式排查，及时发现存在的问题，集成纳入相关行动计划，协调相关部门完成改善。

（2）多手段辅助，加深对问题的认知

考虑到街区问题的复杂性，项目组在后续调研中针对重点问题，采取多种手段，强化对各类数据的采集，辅助优化设计。例如，为了了解特定时间段滨水空间人流规模，项目组利用人体识别 face++ 软件扫描北市河监控视频，获取并返回视频中的人体属性信息，辅助开展基于人群画像的人流统计工作；为了准确掌握居民的出行信息，项目组借助地理信息系统及软件，模拟了从 7600 多处楼梯间到菜场、学校、社区服务中心等 7 处主要目的地的真实路径，帮助项目组更好地了解居民提出的"绕"的问题。

（3）多方式协调，培养居民议事习惯

由于各小区施行封闭管理，加上居民长期以来缺少共同议事的习惯，在项目组开展工作之前，东沈新城街区内的居民或住户几乎从未聚在一起商议过街区内的公共事务。项目组在后续调研中扮演了"联络人"的角色，针对特定议题邀请利益相关方参加专题议事会。例如针对滨水空间不连续，步行通道不连贯的问题，项目组联系 4 个小区业主委员会、物业及施工单位，针对增设小区出入口的方案，先后召开 4 次议事会集体商议。最终建成 2.2km 的健身步道，串联 4 个小区、3 处绿地、1 个广场，将原有少人问津的公共空间再次激活。

**2. 系统归纳追溯，厘清问题根源**

调研过程中发现的问题数量众多，牵涉的利益主体及关系较为复杂，有些问题之间甚至存在直接矛盾，很难通过逐条梳理加以解决。为了更好地理解和把握问题的本质，理清问题的根源，项目组去粗取精，尝试从人群对象、空间地域以及缺少协调三个维度对问题加以整理，排列优先级，为形成行动计划创造条件。

（1）聚焦重点人群，面向关键需求

不同的人群对公共服务和公共空间的需求不同。由于部分拆迁安置小区建设年代较早，几乎没有考虑社区老龄化的问题。对于超过街区总人口 10% 的 60 岁以上老人来说，休闲游憩空间不足是一个普遍问题；为了应对机动化，小区建成后补充了大量停车位，占用了原先就不充裕的活动空间，散步道也被人为"打断"；此外，由于缺少整体的无障碍设计，使得部分使用轮椅的老人和残疾人几乎无法出门活动。儿童是街区内另一类值得关注的群体。由于缺少有针对性的措施，街区部分已经退化的草坪被简单处理成了停车位或硬质广场，几乎没有儿童游乐设施；此外对于有日常接送学需求的家庭来说，通学道在街区内不够连贯，安全性也有待提高。除了老人和儿童，普通住户特别在日常健身、休闲娱乐、文化消费等方面也提出了比较多的问题。

（2）聚焦空间地域，面向突出矛盾

在东氿新城街区内，除商业街以外均设置有围墙。居住小区出入口少，导致居民日常出行轨迹较长，街区内的开敞空间特别是滨水空间可达性较差。根据项目组的调研，虽然东氿新城范围内公共绿地用地规模占比超过15%，但受到"围墙"的阻隔，大多数居民无法在5分钟内抵达滨水绿化空间。从不同功能地块之间的关系来看，东氿新城街区既有居住小区，又有商业街、小学、社区中心，不同空间在使用功能上的差异容易导致相互干扰，影响社区基本功能的发挥，产生负的外部性。例如居住小区内的篮球场，由于噪声问题常常遭遇投诉而无法正常使用；再比如幼儿园围墙外就是城市道路和沿街停车场，缺少家长接送的集散空间，安全性不足，遇到雨雪天气还容易引发道路拥堵。此外，东氿新城街区内还存在不少的"边角地"，它们相对独立，偏于一隅且缺少维护，是街区尚未被利用的重要"资源"。

太漏河北侧绿地出入口改造前后对比

艺术幼儿园出入口改造前后对比

艺术幼儿园出入口等待区改造后效果

（3）聚焦统筹协调，面向空间增值

项目组经过调研发现，东氿新城街区暴露出的问题，其实有不少并非顽疾，但却长期以来难以解决，究其原因，主要是街区或社区层面的统筹协调不足。例如居民和住户反映最多的停车问题，一方面建造较早的小区仅依靠内部停车始终无法满足住户需求；另一方面小区外的绿地和空地上的停车位到了晚间大多闲置，存在可供利用的潜在空间。对街区范围内各类路径的统筹不足是造成资源无法发挥最大效益的另一大原因。围墙造成的空间割裂使得位于小区内的公共服务设施很难实现共享，居民散步、休闲大多局限于小区内部，距离短且不安全；此外，由于路径统筹不足，社区服务中心、菜场等服务设施的可达性较差，也使得居民享受公共服务设施的门槛进一步提高。

### 3.针对建设实际，创新工作方法

通过深入剖析问题，追溯问题产生的根源，项目组从聚焦重点人群、聚焦空间地域、聚焦统筹协调三个角度出发，最终形成面向实施操作的行动计划，在厘清解决问题的逻辑与方法的同时，分清轻重缓急，做到有限时间内开展有限度的改善。

（1）坚持行动计划为引领，针对关键问题

项目组集中整理，经居民、政府及其他相关利益主体召开议事会统一讨论，形成包括"一切为了孩子""活跃起来的老人""节日里的社区""艺术的小径""水边的生活""可见的健康""可达的服务""生命的通道""灵活的停车""活力的街道""物流的末梢""会呼吸的建筑""可循环的垃圾"等 13 个行动计划。

　　"一切为了孩子"和"活跃起来的老人"两个行动计划主要聚焦老人和儿童两类特殊群体。关注他们日常生活中面临的主要问题，有针对性地推动东氿新城街区实现老龄友好和儿童友好。"节日里的社区"和"艺术的小径"两个行动计划主要针对传统节日和传统工艺，通过重新认识传统文化和非物质文化遗产，将"节日"和"艺术"融入街区日常生活，达到提升居民住户自我认同，增强文化自信的目的。"水边的生活"和"可见的健康"两个行动计划主要针对滨水绿地、公共空间及健身活动场所等街区内重要的资源，通过融入现代功能、强化路径串联等方式，增强公共空间的可达性，为街区居民提供更为丰富、多样的休闲娱乐和健身空间。"生命的通道"和"灵活的停车"两个行动计划主要针对小区停车与消防通道，在坚持安全优先的前提下，保障小区内停车设施的供给。"活力的街道"行动计划尝试通过在街区内设置"林荫道"，将林下空间利用起来作为街区居民日常活动的场所。"物流的末梢"行动计划针对快递乱堆乱放的问题，通过与相关企业合作建设快递柜。"会呼吸的建筑"和"可循环的垃圾"两个行动计划主要聚焦绿色建筑的改造和垃圾的循环利用，落实节能减排和双碳任务。

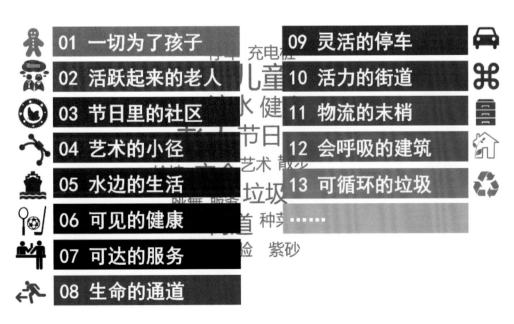

宜兴市东氿新城宜居街区行动计划

（2）开展全过程工作陪伴，强化过程服务

为了应对反馈渠道不畅、自治制度不全、解决路径不明等问题，项目组在方案讨论、形成、修改、落实、建设等过程中保持全过程陪伴，随时解答居民住户的疑问，沟通协调不同利益主体的意见，就地解决建设过程中出现的各类问题。

利用多种手段，畅通沟通渠道。针对本地居民反馈意见分散、随机的特点，项目组针对不同人群，通过手机 App、实地访谈、现场征询等方式，拓宽居民意见反馈渠道，增加沟通的频次与效率，允许利益相关方随时随地"提意见"。

发挥专业特长，提高沟通效率。由于居民住户缺少城市建设和社区运营的专业知识，导致反馈的意见尺度和准确性"失焦"。例如增设出小区入口的问题，在居民看来涉及面太广，可能会因利益相关方意见不统一而无法实施。然而实际上经过项目组与物业及施工单位的沟通，只需要通过设置安防监控和门禁卡就可以妥善解决。大量的解释和沟通不仅没有影响工作效率，反而大大提升了居民对小区的认同感，促使更多居民开始关注居住环境。

尊重各方事权，培养自治习惯。由于缺乏制度保障和自治习惯，项目征询小区、社区两级管理机构意见，借鉴形成通用的议事规则，推动构建覆盖社区—街区—小区、区分不同专题的议事制度，通过积极开展宣传统一思想。

（3）制定菜单式工作方案，优化设计路径

为了解决问题重点不突出、建设时序不明确、各方协调不到位等问题，项目组在宜居街区方案设计中采用"菜单式"的工作方案，在充分了解居民诉求、兼顾实施可行的前提下，在计划形成、时序安排、制度建设三个方面同步推进，形成指导建设的工作清单。

降低认知门槛，表达通俗易懂。工作清单以"一图一表"的形式表达，同时考虑将一些技术性的词汇转化为老百姓看得懂的语言，大幅降低技术文件的认知门槛，在组织专题议事会时，大幅减少了公众了解方案的时间，提高了沟通效率。

增加快速响应，突出过程理性。为了确保对议事会的快速响应，项目组在议事会召开的过程中即与议事各方合作，对方案进行调整优化，形成新的"工作清单"。工作小组进一步负责跟踪、推动方案持续优化，兼顾造价与经费安排，做到量力而行，分期实施。

对于存在优先级，需要通过阶段性安排保障实施成效的项目，项目组坚持多方商议，多专业协同。以"生命的通道"行动计划为例，为了解决瑞德康城消防通道不够畅通的问题，项目组首先针对问题形成"一图一表"的工作草案，对应工程造价和实施周期，以工作清单的方式提交议事会讨论；议事会现场由居民对部分节点的设计提出修改；经由项目组与物业管理部门商议后，确认并形成优化方案；最后由建设部门核算造价，在调整并延后部分项目实施时序后予以批准实施。

对于一些市场化程度较高，且比较成熟的项目，项目组考虑效率优先。例如，在"物流的末梢"行动计划中，小区居民对快递乱放的问题反映较多，而快递箱建设的流程已经较为成熟。项目组牵头联系快递公司、小区物业和业主，成立工作小组，仅开展了一次议事会，重点协调选址、资金和建设规模。一旦条件成熟，即可实施建设，大幅提高了工作成效。

### 4. 构建面向实施的长效工作机制

宜居街区建设并非简单的建造过程，为了更好地应对制度供给不足、自治习惯欠缺、资金配套及分配机制不完善等问题，在东氿新城街区的建设过程中，尝试构建了面向实施的长效工作机制，进一步推动社区治理现代化。

成立市宜居城市建设领导小组。为全面统筹、系统推进东氿新城宜居街区建设，2020年4月，宜兴市成立了宜居城市建设领导小组。领导小组负责协调市级部门相关工作，审查最终工作方案，拆解阶段工作任务，以及增加市级制度供给等具体工作。同时兼顾及时总结推广成功经验并加以推广，进一步推动宜居城市建设。

构建党建+联盟的共治共建平台。在东氿新城街区建设过程中，社区党建与技术联盟有机结合，成为推动社区共治共建的重要平台。平台主要负责策划系列活动、培育主体意识、成立街区议事会、围绕公共领域开展议事活动、完善议事流程等工作，帮助居民形成良好的议事习惯。

多渠道筹措建设资金。宜兴市以示范住区、示范街区、垃圾分类示范、园林绿化示范为基础，积极争取民政、卫生、文化、体育等部门相关资金支持，共同推进东氿新城街区建设。

### 5. 聚焦围墙内外，集成系统推进

宜兴市东氿新城省级宜居示范街区项目方案设计项目于2019年12月通过了由宜兴市住建局组织的专家论证。专家一致认为"该项目具有较强的创新性和借鉴价值，对江苏省宜居街区建设有示范意义"，主要体现在以下几个方面。

（1）从解决现实矛盾与满足美好期望相结合，突出宜居、安居

解决"城市病"、满足居民及住户的需求是宜居街区建设的主要目的。除了充分尊重居民住户的意见，深入倾听并了解其实际困难和自身诉求以外，必要的辅助技术手段和针对问题全面、系统、准确、深入的分析，是做好宜居街区建设工作的重要前提。

（2）充分衔接"围墙内"与"围墙外"，改善街区整体秩序

"围墙内"与"围墙外"的空间既相互隔离又紧密联系，在宜居街区建设的过程中，协调好围墙内外的空间不但有助于其发挥自身功能，更会产生1+1大于2的效果。围墙内外的空间串联还有助于进一步拓展居民的活动空间，增强居民共享街区公共资源的可达性和便捷度，是提升公共资源整体价值的重要手段。

（3）探索物业管理与城市管理有机融合的方法与路径

推动物业管理与城市管理以宜居街区为平台，深度融合，是系统解决"城市病"的重要手段。物业管理公司通过与城市管理相关部门的充分协商和协同施策，在更高的层面协调利益相关方，增强了解决各类问题的能力，同时满足居民住户的基本需求。

临溪花园小区内部健身场地改造前后对比

临溪花园小区内部儿童游乐场地改造前后对比

临溪花园小区宅间绿地改造前后对比

太滆河两侧绿地改造后

（4）聚焦共同缔造，综合提升街区生活气息和发展活力

宜居街区始终是属于居民住户的共同财产，以议事会的方式串联住户、物业、社区、建设方，便于在设计和建造层面实现共同缔造。以形象、生动的行动计划为抓手，居民加深了对街区的了解和认识，增强了"解决好自己的问题"的信心和能力，为"久久为功"持续开展宜居街区乃至宜居城市建设打下了坚实的基础。

◎ **实践成效**

宜兴市东氿新城开展宜居街区建设以来，除对临溪花园、瑞德康城两个居住小区进行了整体改造提升以外，在"围墙内"新增6处、提升2处合计1800m² 的活动场地，新增1处600m² 户外羽毛球场，划定1条约950m的消防通道，改造1处400m² 的社区用房，新增3处快递点；在"围墙外"新增2处合计750m² 的送学等候区，新增1条约600m的送学通道，新增3处约8000m² 的活动场地，新增贯穿街区约2200m的滨水健身步道，新增1处儿童厕所、1处篮球场、1处400m² 的社区图书馆和2处小区出入口。

东氿新城宜居街区建设完成后，街区及居住小区整体环境得到大幅提升，滨水绿化空间被再次激活，成为附近居民日常休闲娱乐健身的重要场所，拆迁安置小区临溪花园2020年底的房价较2018年改造前增幅接近100%，居民住户反响热烈，"新华网""荔枝新闻"《宜兴日报》等省市媒体开展了多次报道，获得了广泛认可。

撰稿：**刘志超** | 江苏省规划设计集团，城市更新规划设计院，总规划师

# 基于产权的历史风貌地区微更新：南京市小西湖历史街区

用地面积：4.69 万 m²
建筑面积：4.12 万 m²
建成年代：明清—1949 年后
房屋产权类型：公房约 60.5%，私有住房约 39.5%，共有产权房约 6%
人口情况：806 户，3000 人，其中 60 岁以上人口占比超 80%
基层治理情况：涉及社区 1 个，网格 5 个，改造前均无物业管理
更新实施时间：2015 年至今

地点
南京市秦淮区小西湖社区

## ◎ 基本情况

作为古都金陵的文化原点，南京老城南地区承载了极其丰厚的历史遗产，蕴含着绵延不绝的文化基因，展示出独具特色的市井风貌，承载着深厚的"老南京记忆"；但传统民居风貌的危旧房、棚户区集中，也带来城市发展、特色塑造和民生改善等多道难题，一直是社会关注的焦点和南京城市规划建设工作的探索前沿。

小西湖历史地段微更新项目位于南京老城南东部，西侧紧邻内秦淮河，是南京22片历史风貌区之一，地块占地4.69万 m²，东至箍桶巷，南临马道街，西至大油坊巷，北接小西湖路。

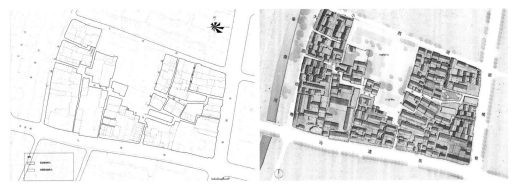

南京小西湖（大油坊巷）历史风貌区区位及规划设计平面图

该历史风貌区范围内留存历史街巷7条、区级文保单位2处、历史建筑7处、传统院落30余处，是南京为数不多比较完整保留明清风貌特征的居住型街区之一，是老城传统生活延续的重要片区。2015年启动更新时调研统计发现，片区内建筑历经更新改造，微更新前地上总建筑面积4.12万 m²，其中明清建筑院落占比约33.7%、民国时期建筑占比约1.7%、1949年新中国成立后建筑约64.6%；共有806户居民（出租193户，实际居住554户，闲置59户），25家工企单位，居住人口3000人，居住人口中60岁以上占比超80%；公房488户，占比60.5%；私房319户，占比39.5%；共有产权50户，占比6%。涉及社区1个（小西湖社区），网格5个（马道街、小西湖、堆草巷、油坊巷、箍桶巷），改造前均无物业管理。

以其为试点探索传统民居类历史地段城市更新，旨在更加突出风貌完整性和生活延续性，让居住在老街区、老房子中的人民群众共享全面小康成果，使老城保护、民生改善和街区复兴有机结合、相辅相成，也为南京传统民居类地段更新改造探索新路径、打造新标杆。

◎ **案例特色**

**1.更新探索历程**

经报市政府批准，2015年原南京市规划部门会同秦淮区政府联合发起在宁高校开展规划设计研究志愿者活动，经过多轮居民参与讨论、专家咨询论证、征求部门意见，直到2020年1月"三规"（保护与再生规划、风貌区保护规划、控制性详细规划图则）才按程序经市政府批准。

最终，小西湖保护更新方式确定为"自上而下、自下而上相结合"的政府更新、合作更新和自我更新三类，结合产权关系整理，以"院落和幢"为单位，具体为：①公房腾退（货币、异地保障房或就近租赁关系平移安置）；②私房自我更新或腾迁（收购或出租）；③厂企房征收搬迁。摒弃了数十年惯用的"大拆大建""推倒重建"粗放式改造模式，也优化了近年来采取的"留下要保护的、拆掉没价值的、搬走原有居民"的镶牙式更新方式。充分尊重民意，共商共建，让百姓自主选择迁与留，腾出空间（截至2020年底，已腾出约48个院落），疏减人口，为改善基础设施、居住条件和植入新业态创造条件。目前更新阶段地上总建筑面积3.75万 m²(含保留建筑面积2.95万 m²，新建建筑面积0.8万 m²)，其中公共建筑约2.36万 m²，居住建筑约1.39万 m²。

**2.更新规划思路和方法**

小西湖微更新项目一改"保护规划编制——征收拆迁——重新建设"的老路，在人口众多、产权复杂、房屋毗邻的南京传统类民居历史地段中，通过制定因地制宜的设计策略，探索自上而下的规划设计与自下而上的微更新相结合规划方法，确定了"共商、共建、共享、共赢"微更新基本原则，根据街巷布局和土地权属建立规划管控单元（15个）和微更新实施单元（127个）两级控制性详细规划管控体系，完成了多户"一户一册"的改造设计示范，创建了"微型管廊"技术；首次采用"自愿、渐进"的征收搬迁政策，在充分尊重民意的情况下以"院落或幢"为基本单元，采取"公房腾退、私房自我更新或租赁或自愿收购更新、厂企房搬迁"方式。鼓励居民自愿搬迁，保留传统的生活方式及烟火气息的同时，降低人口密度，释放片区空间，并根据居民搬迁情况适时调整规划方案。

**3.更新实施机制**

南京市规划资源局牵头秦淮区人民政府等四部门联合制定《老城南小西湖历史

地段微更新规划方案实施管理指导意见》，将微更新规划设计思路明确为政策机制，具体包括：

（1）明确资金支持

涉及本地块的城市公用基础设施项目纳入市城建计划，资金由市城建资金全额拨付。本地段内土地出让市、区刚性计提部分全额补贴返还；经核算的年度剩余总投入成本，由全市新城反哺老城保护专项资金定向补贴。

（2）鼓励土地流转

经整理后的用地涉及规划社区服务、文化展示、教育、异址（平移）公房等公共服务设施用地的，由实施主体按程序报批后实施；涉及规划住宅、商业等经营性用地的，具备公开出让条件的，以院落或幢为单位，带保留建筑更新图则进行公开土地招拍挂；涉及娱乐康体用地的，按程序带保留建筑更新图则协议出让给实施单位；涉及实施主体收购的房屋及附属用地，可直接进行产权关系变更；涉及建筑面积、建筑使用性质改变的，需完善土地手续。

（3）宽容规划资源管理

建立基于规划资源和建设等职能部门、所属街道和社区居委会、相邻产权人及居民代表、微更新申请人、相关技术专家的五方协商平台，引导各个更新主体有序参与微更新全过程；根据微更新图则审核更新申请、更新方案和竣工验收。

鼓励私房更新房屋优化户型，完善厨房、卫生间等必备设施功能，导致面积增加的，不得超过规划条件确定的建筑面积上限（含地下建筑面积），且应遵循以下原则：原产权建筑面积在 45m² 以内的，可较原产权建筑面积增加 15%~20%；原产权建筑面积在 45~60m² 的，可较原产权建筑面积增加 15%~20%；原产权建筑面积 60m² 以上的，可较原产权建筑面积增加 10% 以内。增加的建筑面积须按竣工时点同地段同性质二手房屋评估价的一定比例补缴土地出让金后，办理不动产登记。

**4. 更新实践方法**

（1）采用微型综合管廊，创新改善市政基础设施

系统梳理片区内各类管线的敷设形式、行走路线、供给方式、占位间距，创新实施"微型综合管廊"综合布线方式，敷设排水、给水、供电和燃气等市政管线的做法，既满足消防、安全需要，又让老百姓享受到现代化城市生活的好处；管廊有效利用地下空间，解决了街巷空间狭小，直埋无法满足规范间距要求的问题；后期的更替、扩容、维护更加便利；有效实现历史地段雨污分流，消除积淹水现象，并且实现消防

微型管廊施工与建成效果

管线全覆盖。

（2）采用共生院、共享院等方式，创新改善居住环境和居住条件

在充分尊重民意的基础上，共生院院落中2户居民因年龄偏大，故土难离而选择留下。共生院的改造，一方面通过院内释放出来的公共空间给原住民设计了楼阁增加了储物空间，同时完善了厨房、卫生间等功能性设施，极大改善了其生活条件，提升居民获得感；另一方面利用已搬迁房屋引进社区规划师办公室及文创产业，彼此在改造后的院落中和谐共生。

在保留居住功能及院落形态的前提下，共享院居民参与合作建设，将部分临街院落改造为共享区域，与公共街道建立沟通，让原本封闭的院落成为交流空间，给院落带来活力，使片区更具生命力，并与邻里游客和谐共享。

共生院改造前后对比

共享院改造前后对比

（3）实践有温度的城市微更新，积极营造良好的社区精神

城市微更新涉及自下而上、自上而下相结合的新工作模式，按南京市规划和自然资源局牵头联合发布《老城南小西湖历史地段微更新规划方案实施管理指导意见》（宁规划资源〔2020〕709号），探索协同机制建设，具体包括：在充分尊重民意和尊重老百姓产权的情况下，以"院落或幢"为基本单元，采取"公房腾退、私房腾迁（自我更新、收购或租赁）、厂企房搬迁"方式进行现状产权关系梳理；建立了由政府职能部门、产权人或承租人、街道社区、设计师（产权人和租赁等关系）、国资平台联合协商的五方平台会议、社区规划师管理制度及私房自主更新申请流程，创新式地开展从策划、设计、建设及市场运作等多元互动的全过程公共参与管理。

多元互动的公共参与与管理

◎ **实践成效**

由于历史的变迁，小西湖街区的价值逐渐淹没于激增的人口和衰败的环境之中。改造前有 810 户居民和 25 家工企单位，居住人口 3000 余人，人均居住面积约 10m²。在居民意愿和住户产权调研的基础上，通过规划编制、政策机制、遗产保护修缮、市政管网、街巷环境、参与性设计建设等一系列创新性探索，形成多元主体参与、持续推进的"小尺度、渐进式"保护再生路径。目前已腾迁居民 443 户，保留原居民 367 户，搬迁工企单位 12 家；完成市政微型管廊敷设 490m，街巷环境整治 3180m²，文保和历史建筑修缮 5 处，公共服务设施改造 9 处，消防控制中心 1 处，示范性居民院落改造 3 处，总建筑面积约 11000m²。

①花间堂民宿
②老龙家
③马道街25-1号
④控制中心
⑤咖啡吧
⑥共生院
⑦共享院

南京小西湖（大油坊巷）历史风貌区一期实施范围

（1）花间堂民宿

利用自愿搬迁后的公房院落通过历史建筑修缮、三官堂遗址展示和既有建筑再利用打造特色民宿。

（2）堆草巷 31-18 号

私房改造，部分自主更新保留居住功能；部分出租改造为街边小店、24 小时书屋。

（3）马道街 25-1 号

历史建筑修缮活化利用。

花间堂民宿改造前

花间堂民宿改造后

堆草巷31-18号老龙家改造前后对比

马道街 25-1 号改造前后对比

马道街 25-1 号改造后

（4）控制中心

利用工企单位搬迁后的用地，建设街区消防、供配电控制中心和店铺。

控制中心改造前后对比

（5）马道街 29 号熙湖里咖啡吧

私家民国小楼以租赁形式改造而成。

马道街 29 号改造前后对比

## 大家声音

小西湖地段微更新中的"自下而上"四个字弥足珍贵。全国工程勘察设计大师、东南大学建筑设计研究院院长韩冬青从业时间很久，却是第一次参与这样的"反向操作"。"高校设计专家、管理人员和志愿者团队合作，走进百姓家门一起看现场、谈方案、出谋划策，最终确定了自我更新、有机更新、持续更新实施路径"。长期跟踪老城南更新的著名文史作家薛冰感触很深，十年前南京启动旧城改造，老城南一片"拆"声。"建设性破坏发生在街巷根子在人心，原因是缺乏足够的文化自信。我很高兴，小西湖决定留下原住民和烟火气，弥补了老门东的遗憾"。

对此，历保集团董事长范宁认为："绣花式的微更新改造，与其说是一种折衷，更是一种智慧的传递，它需要改造者在很长的时间里，用耐心、韧性、智力不断寻找与不同利益主体共赢的平衡点。"对于小西湖未来的美好生活，范宁这样畅想道："未来的小西湖，将是充满欢声笑语、幸福和谐的美好社区。"

南京市规划资源局党组书记、局长叶斌认为：党的十八大以来，南京明确提倡城市更新模式转变为"留改拆"，"留"字放在首位，意味着城市更新模式转变。为城市留住文脉、留住风貌、留住记忆成为首要目标，路径上从连片化、政府主导转变为常态化、小规模、政府引导、社会多元参与模式。实践证明，老城南地区转向小西湖微更新方式有利于城市历史文化遗产保护、有利于城市特色塑造、有利于社会各界多元参与、有利于发挥经济社会综合效益。

撰稿：**吕晓宁** | 南京市规划资源局，总规划师　　**李建波** | 南京市规划资源局秦淮分局，局长；秦淮区城市更新办，常务副主任

# "完整街道"一体化品质提升：盐城市戴庄路街区

**用地面积：**约 36.75 万 m²

**建筑面积：**1600 万 m²，其中公共建筑 300 万 m²，居住建筑 1300 万 m²

**建成年代：**1990—2010 年

**房屋产权类型：**商品房、安置房及少量房改房

**人口情况：**30830 户，107905 人，其中 60 岁以上人口占比 16.2%，中小学生近万人

**基层治理情况：**涉及 2 个街道、社区 3 个，网格 210 个（按约每 500 人配备一名网格员），小区 28 个，其中改造前无物业小区 0 个，物业全覆盖

**更新范围：**世纪大道至学海路，（一期：世纪大道—盐渎路，2.4km；二期：盐渎路—学海路，3km）

**更新实施时间：**2019—2021 年

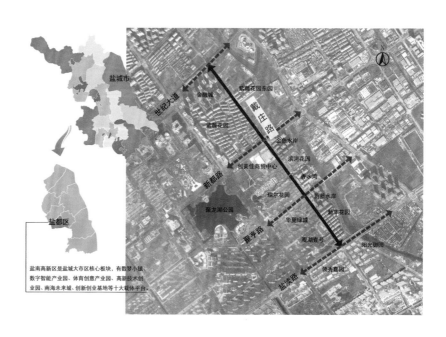

**地点**

江苏省盐城市盐南高新区戴庄路

## ◎ 基本情况

戴庄路（世纪大道—学海路）全长约 5.4km，为盐南高新区城市次干道，原道路红线为 26m，承担着周边 28 个住宅小区、约 10 万名居民、近万名中小学生的日常出行。随着城市化进程的加快，戴庄路的交通压力日益凸显，安全隐患愈发突出，沿线道路环境较差，对戴庄路重点路段进行改造势在必行。

戴庄路街区的设计强调"慢行"功能，围绕道路的参与性、实用性，通过整合道路空间、植入城市记忆等方式，提升道路交通出行的能力、街区商业活力、城市休闲魅力，打造集交通出行、城市休闲、地方文化于一体的复合性特色街区。

**NO.1 街区式景观（侧重人的参与性）**

**自然舒适**
针对不同人群对空间利用的需求，打造舒适室外空间。

**共享空间**
整合街区室外资源，打造居民社会平台空间。

**多彩活力**
针对性组织不同活动类型，按照季节不同，人员不同，开展丰富的街区活动。

**公共交往**
有交流活动场地及内容。

**NO.2 公园式道路（侧重自然氛围塑造）**

**定制景观的社区客厅**
通过人群参与性活动的塑造，提升场地在整个地区的形象活跃程度。

**舒适开放的阳光草坪**
与周边区域整体绿化网络相互链接，在协调整体的基础上，充分体现其自身场地属性和价值。

**优雅的花园道路**
创造个性道路气质，增强产品识别性，彰显道路景观独特魅力，烘托道路景观统一形象。

设计概念引入

设计方案提出街区式景观（侧重人的参与性），公园式道路（侧重自然氛围塑造）的理念，主要从以人为本，创造邻里空间、城市愈合的角度，把戴庄路打造成一条有温度的街，打造为民服务、城市更新、产业转型的样板街区。戴庄路（世纪大道—盐渎路）段被纳入 2019 年盐南高新区重点民生改造工程。

设计主题：以人为本，邻里再生，城市愈合

◎ **案例特色**

**1. 城市逆生长——打破传统，重组慢行空间**

改造前的戴庄路，双向四车道宽 14m，隔离带宽 2.5m，非机动车道宽 3.5m，除部分商铺前局部放大段，人行道宽度基本在 3m 左右，也存在局部人行道缺失的情况。原有断面更多地是满足车行交通功能，慢行空间需求几乎被忽略，针对周边密集的金融商业、学校、住宅用地而言，慢行空间既不安全也不舒适，因此，传统道路空间已无法满足人民的生活需求。

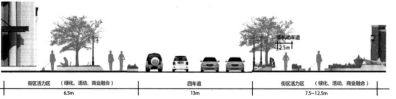

改造前后道路断面对比

设计在改变场地空间结构、完善其道路通行功能的同时，侧重打造慢行景观空间格局，主要有几大突破：一是基于未来调整为单向通行和步行街区的规划，与交管部门协商后，将14m宽的车行道调整为13m宽。二是打破常规道路隔离带做法，通过不规则的景观线形重新分割人非共板区域。在商铺前和商业前有后退空间的机非隔离带加宽，形成丰富变化的空间。在现状人行道较窄的位置隔离带宽度从2.5m调整为1.5m，保证慢行的贯通。三是非机动车道宽度调整为2.5m，满足非机动车通行需求的同时，把路权空间留给人行。四是采用层叠花池、休憩座椅、艺术小品等多变的手法，隔离非机动车与人行空间，营造具有地域特色的品质街区道路景观。五是将原有小区报建车位一律归还，统一取消沿路停车位，通过在戴庄路周边建设集中停车空间，以及错峰利用学校、公建的停车位，满足周边停车需求。

改造后实景

### 2. 共建共享——合理利用，激活闲置地块

戴庄路的整治突破常规，根据现场实际需要确定改造范围后，协同规划部门核对用地性质，首先将公共绿地一律纳入整治范围，其次协调住宅、商业用地的业主和物业，最大限度利用灰空间，还空间于民。

视线所及范围影响观感的均为改造内容；
涉及三个面改造以及节点、口袋公园设计

一个平面：市政道路及道路和建筑之间的无缝衔接空间
两个立面：东西向的建筑立面及围墙
节点、口袋公园：沿线的带状绿地尤其是道路交叉口的城市绿地

实施红线框定原则

世纪大道至新都路典型地块处理方式（其他路段参照此段）

| 编号 | 区块 | 设计内容 | 处理方式 |
|---|---|---|---|
| 1 | 世纪大道东北角 | 破茧重生雕塑（公共用地） | 分期实施，和金融城二期同步 |
| 2 | 金融城一期东侧 | 商业互动空间 | 人行道建完，与金融城广场铺装顺接 |
| 3 | 紫薇花园 | 围墙和廊架空间 | 原有小区围墙新建，与廊架形成特色景观，为社区谋福利 |
| 4 | 凤凰汇 | 商铺前区广场（小区红线） | 凤凰汇商铺空间同步设计，由房产公司自行实施 |
| 5 | 新都路小学南侧绿地 | 盐城地图 | 新都路小学与戴庄路建设同步，二期实施，等小学建设完成后南侧绿地整体设计实施 |
| 6 | 成华学校东侧 | 电影院广场空间 | 由于场地无法协调，现状围墙整改 |
| 7 | 创美佳北侧绿地 | 休憩空间 | 结合围墙和广场空间同步设计 |
| 8 | 创美佳东侧围墙 | 花墙 | 原有围墙拆除，原位建设，根据业主增设出口 |
| 9 | 金色水岸 | 转角公园社区用地 | 集合围墙整改，利用原有水景，形成旱喷空间 |

紫薇花园改造前后对比

创美佳改造前后对比

### 3. 节点空间——各具特色，有个性又有共性

道路沿线每个节点都根据周边地块的情况不同，进行了不同的功能梳理、空间划分及植物配置，在材质、色彩、线条等细节上采用了相似或相同处理方式。

（1）新丰花园南侧节点——人文结晶，多样的下沉广场

场地位于桥梁引桥下，低于现状人行道标高，且为大面积水泥地面，因此设计时考虑改造为下凹式开放空间，通过材质、尺度的变化，营造两个风格不同的下沉广场效果。考虑行车视线效果，在路口设计了红色展翅造型的雕塑，夜晚通过灯光渲染，形成独特的城市标志性景观。

新丰花园南侧节点改造前后对比

（2）滨河公园节点——休闲健身，全龄化滨水空间

该地块连接规划菜场，存在高峰时段的密集人流，因此在入口处设置非机动车停车位，并提供戴庄路至规划菜场较为便捷的直线通道。

节点设计考虑了全龄段人群的休闲健身需求，设置中央环形跑道，便于居民慢跑；拼图铺装搭配秋千和攀爬设施，为青少年提供了多样的娱乐空间；亲水木平台为老人提供健身、休憩空间；树形廊架下曲折的休憩坐凳，是所有人群都适用的空间。

滨河公园节点改造前后对比

（3）儿童活动区——释放童心，为孩子提供玩耍空间

该场地位于聚亨路小学南侧，现状为硬质铺装，人气活力丰富，且以儿童居多，因此将改造为儿童活动区，并配置滑梯、露天电影院、读书屋等设施。利用微地形草坡、彩色曲线地面铺装、半围合活动设施，为孩子提供了独立安全的玩耍空间；结合休憩座凳及周边咖啡店，为家长提供了舒适便捷的看护场所。

儿童活动区节点改造前后对比

（4）新都路路口旱地喷泉节点——生命之树，安全的亲水场地

改造前为喷泉场地，但由于抬高的地形不便于儿童参与玩耍，因此使用率较低。本次改造一是利用原有旱地喷泉，将地块降低，增添其亲和力；二是扩大下沉广场空间，增加雾喷和树形铺地灯光效果，以丰富场地的趣味性；三是利用异形坐凳树池廊架进行围合，形成相对安全独立的儿童戏水空间。

新都路路口旱地喷泉节点改造前后对比

### 4. 以人为本——改善交通出行体验

交通出行体验是一个全方位体验，从街区的角度更多关注人的感受，凸显街区式景观（侧重人的参与性）和公园式道路（侧重自然氛围塑造）中的人文关怀。一是通过色彩区分、景观隔离等方法清晰了路权。二是创新使用发光交通标志标牌、智慧斑马线等，保证出行安全，极大地改善了沿路出行体验。三是公交站台新增到站提示、USB 充电、急救药品及灭火器等。四是多杆合一，优化视觉和空间感官。

发光交通标志标牌智慧斑马线

### 5. 因势利导——三段式"加法"延续欧风

位于戴庄路中部的欧风花街是盐城市城南新区的新地标，欧式的建筑风格、红色白相间的基调和水道、阳伞、花饰等共同营造了一片富有欧式风情的热闹商街。

然而戴庄路沿线建筑由于建造年代较早，长期使用和缺乏维护造成建筑立面不同程度的污损，整体呈现出老旧和杂乱的特点，与欧风街格格不入。因此戴庄路的建筑立面改造，在解决现有的立面问题的基础上，延续欧风花街的建筑风格。为了在颜色上与欧风花街呼应，屋面和部分墙面上采用了相似的色彩元素，其余部分采用真石漆、玻璃纤维增强混凝土或者石材，还增加了挂植和壁灯等细节装饰物，形成了对比鲜明而富有风情的立面效果。戴庄路通过立面三段式的"加法"设计，解决了现有建筑存在的诸多问题，加上颜色和细节的设置，整体完成了与欧风花街相统一的立面效果，美化了戴庄路，也丰富了城市的内涵。

沿线建筑立面改造前后对比

### 6. 细致入微——以细节体现特色

戴庄路的整治提升严格把控细节，突破常规，着力打造精致视觉街区，体现在细节和细部的把控上，强调特色引领。

（1）特色空间的打造

戴庄路全线设计特有符号，包含展现盐城特色的艺术井盖、戴庄路字母的路缘石，以及量身定制的廊架、游乐设施等，均展现了其独特性。

艺术井盖、特色侧石、树池箅子

廊架 logo                               游乐设施 logo

（2）特色产业的展示

树池箅子、景观小品、互动装置等融合了城南新区 3D 打印、全息影像、智能制造等产业元素，展现本地产业特点。

展现本地产业特色的夜景亮化（1）

展现本地产业特色的夜景亮化（2）

（3）特有记忆的保留

保留长势良好的行道树，改善道路通行又保留绿荫及景观记忆。根据现状变电箱的位置、大小、数量情况，将变电箱分类制定不同的景观提升策略，让变电箱成为风景。

变电箱美化的不同方法

变电箱美化前后对比

### 7. 大胆创新——新技术新材料应用

结合海绵城市理念，非机动车道及景观绿道均采用彩色沥青，人行道选用砂基透水砖。为解决地块衔接出现的排水问题，人行与非机动车道全线设置集水槽，有效解决人行路面积水问题。道路全线结合景观选点布置声光互动装置，增添人行空间互动性，为城市建设注入新鲜活力。

彩色沥青透光混凝土砂基透水砖全线集水槽

声光互动装置

◎ **实践成效**

### 1. 人居环境改善

改造街道绿化全线长约 5.4km、自行车专用道 5.5km、新建休闲步道约 114253m²；新建改建活动广场 15 处、口袋公园 23 个、机动车停车位 265 个、非机动车位 680 个、公交站台 20 个；新建公厕 2 座、读书屋 3 个、露天影院 1 个、儿童游乐场地 4 个、篮球场半场 1 个、环形跑道 1 个、文化雕塑小品 40 组、休憩廊架 12 组，沿线改造提升建筑涉及 10 个小区、改造 6 个小区出入口，有效地改善人居环境。

海阔路交叉口口袋公园改造后　　海潮路交叉口口袋公园改造后　　露天电影院

二河子桥管线美化改造前后对比

街头小品

### 2. 人群结构变化

由于周边环境提升，淘汰了汽修、小卖部等，增加了轻饮食、特色商铺，沿线公园式街区和景观式道路的设计，使戴庄路和欧风花街融为一体，成为城市微旅游的重要部分，除了满足周边居民的出行和活动需要，也吸引了大量周边旅游和运动休憩的人群。

### 3. 投资就业带动

工程建设过程中，通过保留现状乔木、保留围墙基础结构、保留部分铺装等方法，在保留场地记忆的基础上，节约了投资成本约 23.6%。工程建设完成后，对改造的 200 余处停车位收费，提升地区改造成效的经济可持续性。

与此同时，由于业态更新与环境美化，戴庄路沿线新增商铺达 27 家，带动新增就业人员 115 人次。戴庄路周边居住小区房价调查显示，二手房均价同比改造前的去年同期上涨约 14.83%。

### 4. 城市活力激发

戴庄路街区的更新改造，为周边 28 个住宅小区、近 10 万居民以及约万名中小学生的日常生活带来了巨大改变，在减少城市化的负面影响、保持城市环境的生态平衡方面，也有较好功效。靓丽的街边装扮和独特的场景布局，使戴庄路迅速成为网红打卡地，吸引众多市民和游客慕名而来。

## 大家声音

"原本以为只是简单地修修路、种种树，没想到做了彻底的改造，效果这么好。"说起戴庄路的综合改造提升，家住紫薇花园小区的谢苗苗感触颇深。他说："以前这条路上汽车、电瓶车、行人拥挤不堪，每次出门都得格外小心，而且一到下雨天，人行道上就容易积水，不小心就容易踩到'陷阱'，溅一身的脏水。现在街旁不但有座椅，还修建了街角公园，沿途的公交车站台也都进行了重建，并配备电子站牌，随时能够看到公交车辆的实时位置，十分方便。"

戴庄路小学的小学生很自豪地给幼儿园的同学打电话："我们新的学校很漂亮，有很好看的墙绘，你们有吗？墙绘你们也有？那你们学校一定没有大大的滑梯？没有可以看动画片的露天电影院？我很喜欢我的新学校。"

供稿：**罗珺** | 江苏省盐南高新区住建局，城建科，科长

# 没有围墙的绿色林荫空间改造：泗洪县山河路街区

**用地面积**：176 万 m²

**建筑面积**：88.8 万 m²，其中公共建筑 1.6 万 m²，居住建筑 87.2 万 m²

**建成年代**：20 世纪 50—90 年代

**人口情况**：17600 人，其中 60 岁以上人口占比 12.7%

**基层治理情况**：涉及社区 3 个，网格 28 个，小区 8 个

**更新实施时间**：2020—2022 年

**地点**

泗洪县城南老城区范围内，北至泗州中大街、
东至汴河、西至建设南路、
南至山河路与烈士陵园南界一线

◎ **基本情况**

泗洪县山河路街区位于老城范围内，是几代泗洪人心中繁华热闹的县城中心。街区内有奥体新村、城市花园、丽景豪庭等居住区，县人民医院、实验小学、体育场等公服设施，尖沙咀、步行街、东风大市场等商业设施，还有烈士陵园、法治广场、汴河西岸风光带等城市公园绿地。经过多年发展，山河路街区出现了建筑老旧、交通拥堵、配套功能不完善等诸多"城市病"问题。

通过改造，山河路沿线原有的棚户区、老自来水厂等空间置换为了连续的公共活动空间。设计师下沉到居民活动活跃地段，让百姓参与设计，从景观、居住区、道路、商户等不同角度，将百姓需求科学合理地加以提炼。通过重点项目+微更新结合的模式，打造可观可感可住可游的高品质美丽街区，激活市民心中"白月光"的泗洪老城。

◎ **案例特色**

### 1. 可复制的绿色街区样板

充分挖掘利用街头巷尾零碎空间，打造一批口袋公园，构建十分钟见绿的绿色街区；提升法治公园、汴河西景观带等城市公园的服务能力，将滨河"防护林"转变为可进入的市民公园；改善建设路等原街道退绿硬质较多的消极空间，打造城市绿道的绿色轴线；实施第五立面建设，建设商业综合体屋顶花园；对市政设施隐蔽工程实施绿化处理，重要道路交叉口节点岛头设置花境。

法治广场改造前后

汴河西景观带改造前后

尖沙咀屋顶花园、烈士陵园东市政设施景观化处理

### 2. 可欣赏的生动人文景观

通过环境综合整治，运用增补绿植、花园城市等手法，提升商业街区美观性；利用街道家具设计，充分融入"水韵泗洪"元素符号；利用店铺门前场地，在增加交往空间的同时，发展地摊经济，激发街区多元活力，使老城步行街、第一街等记忆元素充分激活；通过街区商业公共屏幕、街坊公社公屏等宣传泗洪"湿地之都，水韵泗洪"城市文化；在街区内部设置城市驿站、街坊公社等多个复合便民设施，按照古朴简约风格进行设计，内部装饰增加展示城市发展的文化墙，打造泗洪特色老城记忆设施，追忆岁月变迁，传承城市文化。

体育南路垂直绿化水韵泗洪文化符号

地摊经济林下晨练

精细化园林养护修复

### 3. 可感知的幸福生活体验

构建全龄友好空间，在养老院周围边角地带建设街坊公舍，合理化建设和改造升级城市公厕，在康体活动空间里，建设专门的场地和体育设施，便于群众进行康体活动，林荫广场为唱歌跳舞提供场地，景观亭下提供理发、缝补等服务。通过边角地带改造，增加或完善儿童游戏空间；通过改造县中心体育场馆，增设游泳池、篮球场、五人制足球场、门球场等，使公共服务设施向"老幼共享"的全龄化友好空间转变；增设公厕，通过合理化建设和改造升级城市公厕，设置"第三卫生间"，去除门前台阶增加安全抓杆等无障碍设施，提高老年人、残疾人等群体的如厕便利；打造童趣设施、适老设施，林荫下专门设置老年活动场地，增设凉亭石桌，并对周边的步行空间进行适老化改造；打造体育南路示范街区，结合老体育场改造，对周边街区进行整治，融入"湿地之都"主题夜景效果，形成全时段集聚人气的场所。

儿童活动空间　　　　　　　　　　　　老年娱乐空间

街坊公社内部休憩适老化设施改造

◎ **实践成效**

### 1. 人居环境改善

改造后，街区拥有综合公园 1 个、专类公园 1 个、滨河风光带 1 条、街头游园 2 个，改造形成了大、中、小级配合理，类型丰富的绿地体系。通过实施泗洪县美丽宜居街区（老城地段）建设试点项目清单上八大类共 67 个项目，已经完成体育场区域整体提升、体育南路环境整治、山河路道路景观提升改造、汴河西岸风光带建设；对健康路、青阳路等道路稳静化整治、建设路绿道建设；街坊公社、城市驿站的集中投放，口袋公园结合停车设施等内容，得到了市民的一致好评，街区人气显著提升。

作为泗洪市民心中的"白月光"的老城中心，承载了泗洪人民的期待，通过美丽宜居街区建设，改善了已经老旧的环境，使得街区重新焕发活力。尤其是大量的公共空间的打造，已成为市民休闲、健身、交流的主要场所。通过对奥体新村、城市花园等老旧小区改造，新建雨水管道、对现有污水管网进行疏通清理、新建路灯监控、增加停车位、改造活动健身广场、提升绿化景观、完善环卫设施等，切实改善了居民的生活环境。

烈士陵园门前的人民路

经过项目实施，街区已经形成较好的老城林荫系统示范。大力实施城市缤纷林荫系统建设，积极推广种植乡土适生的落叶乔木，配置丰富的中下层植物，形成季相分明、景观优美、特色各异的城市林荫系统；让街头既有夏日林荫，又见冬日暖阳，有绿色的地方就有变化的四季。

### 2. 人群结构变化

经过项目实施，街区内的居住人口变化不大，但商业业态提升较大，原本有所衰败的商业街、人民路等人气回升明显，且商业服务人群以中老年为主，逐步向年轻人群倾斜，大家更愿意到老城区进行消费活动。得益于大量适老、适幼设施的投放和公园环境的改造提升，街区内老人、儿童活动大量增加。

### 3. 投资就业带动

经过项目实施，其中山河路沿线改造提升、体育场周边（含体育南路），青阳路沿线改造提升，极大地提升了营商环境，原本低端的商业业态迅速淘汰，45%的商户进行了以连锁餐饮、水果店，小吃、饮品为代表的迎合新消费需求的业态更新。街区提供了大量工作岗位，据不完全统计，新增商户约200余户。

### 4. 城市活力激发

通过彰显湿地之都特色，营造人文街区，整治复苏步行街活力之心等方式，激发城市活力；注重儿童与老人活动空间的打造，形成全龄友好的街区，集聚人气。

打开原有封闭式的灌木种植，形成疏林草地的开阔景观；通过场地彩化、开花乔木种植，达到"三季有花，四季常绿"的花园城市景观。推进平面绿化向立体绿化转变，经过园林绿化部门的不懈努力，已经形成"绿在城中、城在绿中"的园林绿化格局。

以重点区块整治为核心，沿街整治提升为重点，一般节点活力提升为补充，通过修复文化轴，亭廊、休闲坐凳等便民设施，合理引导布置理发、修脚、缝补等沿街摊点，形成以绿化为本底，承载体育锻炼、娱乐休闲、便民服务等公共活动功能的高品质街区空间。

### 5. 建设管理创新

积极探索实践，大力加强乡土树种推广应用，把乡土树种应用列入园林绿化规划建设导则，编制了《乡土树种培育及应用》《泗洪县行道树树种规划》《泗洪县林荫城市建设导则》《泗洪县生态林荫停车场建设标准》等，强化规划导则的指导引领作用，总结梳理可学习、可复制、可推广的泗洪经验。

**大家声音**

奥体新村居民张阿姨："老山河路改造之前，路很窄，公园乱糟糟的，人根本进不去，也没有地方让老年人活动，更别提小孩子玩了；而且以前下大雨广场就会积水，改造后排水畅通了，也不影响我们雨后游园，舒适多了。现在的山河路街区叫麻雀虽小五脏俱全，到处都精致美观。"

养老医院田大爷："以前住在养老院只能在院子里下棋，现在过条马路就是公园广场，还有翻新的体育场，太方便了。"

县图书馆借阅学生："我在淮北中学读书，这两年学校门口的山河路街区变化特别大，我们有了很多课外学习的场地，体育馆、图书馆、公园广场里的活动设施还有干净整洁的街坊公舍，路也变宽了，到处很美。"

供稿：**李旭** | 泗洪县住房和城乡建设局，党委委员

# 兼顾居民与游客的历史人文品质提升：南通市濠河滨河街区

**用地面积**：约 875 万 $m^2$

**建筑面积**：1250 万 $m^2$，其中公共建筑 300 万 $m^2$，居住建筑 950 万 $m^2$

**建成年代**：20 世纪 80—90 年代

**房屋产权类型**：商品房 20%，公房（含房改房）约 70%，保障性住房约 10%

**人口情况**：11000 户，35000 人

**基层治理情况**：涉及小区约 55 个，社区约 10 个，网格约 30 个

**更新实施时间**：2018—2020 年

地点

南通市崇川区濠河风景区及周边区域

◎ **基本情况**

南通市濠河滨河美丽宜居街区位于老城中心区,绿化景观单调封闭且游步道存在堵点,道路交通拥堵且通行能力不足,建筑造型简单且斑驳陈旧,与景区整体风格不相协调,夜景亮化设施破损,光影表现形式单调,能耗相对较高。面对诸多问题,街区围绕"建设人文、休闲、宜居濠河片区"的目标,全面提升濠河片区水环境、绿化景观、道路管网、街景亮化及文化内涵,完善游览休憩服务功能,优化便民服务设施,着力打造适宜老人、儿童等各年龄层次活动的公共城市空间。

◎ **案例特色**

**1. 环通滨水游步道,景观与人文历史相融合**

坚持优化环境、串联历史,以滨水游步道串联生态环境和历史文化主线,重塑情境。一是提升景观与绿化观赏性,实现乔木彩叶化、灌木种植成片化、地被植物宿根化,让生态环境在城市空间中更为夺目,一个以水为主,树木植被种类丰富、配置合理,四季有别、季相分明的绿色空间初步形成。二是提升游步道品质与亲水舒适度,全面梳理游步道堵点,邀请专业设计团队研究方案,并与多部门沟通协调,最终以架设人行桥、增设亲水栈道、拆除障碍物、打开南通大学及其附属医院内部滨水步道等方式实现滨水游步道的全线贯通,特别是南通大学及其附属医院节点的步道原来为内部使用的封闭步道,经指挥部领导多次与南通大学及通大附院沟通协调后，变为对外开放的公共步道，打通了约 400m 的游步道，宽约 1.8m，并在起止点加装门禁进行有控制性的管理，除疫情防控等特殊情况外均对外开放，充分保障师生及医患的安全；同时对周边绿化进行梳理调整，以设置活动广场、景观小品、廊架建筑等在视觉上形成疏密有致的生态空间，使滨水环线植物空间富于变化，让共享理念在城市空间中更为彰显。三是提升景观建筑与人文历史的结合度，新建"卧霞亭""翼然亭"，对怡园、桂花岛、东公园、原和平桥派出所等地块进行古典园林式改造，打造濠东嬉水网红打卡地，让运动休闲在城市空间中更为精彩。

游步道改造前后对比

### 2. 增设城市公共空间，丰富各年龄层次人群活动

随着老城区活动人口的逐渐增加，濠河周边休闲娱乐的公共空间显得单调和不足，通过增设城市公共空间，进一步丰富了适合各年龄层次人群休闲娱乐场所。一是增设绿地活动广场，通过对濠东绿地、怡园、桂花岛、东公园及原和平桥派出所等地块的提升改造，活动娱乐空间大大增加，市民有了更多休闲娱乐的去处。二是增设青少年娱乐空间，白沙滩改造从青少年活动场地的角度出发，提升改造为网红打卡地"濠东嬉水"，变成濠河周边青少年最喜爱的娱乐场所之一，改造后的丁古角步行街吸引更多儿童青年游玩，成为节假日必去的游玩场所之一。三是增设人文景观建筑，新建的卧霞亭、翼然亭等景观建筑充满了人气，市民在其中自发性地开展唱歌、跳舞等活动。

白沙滩改造前后对比

濠东绿地市民组织唱歌

### 3. 优化断面清晰路权，建设全新的交通市容街貌

为在现有空间格局条件下，破解环濠河街区交通拥堵、通行能力不足等难题，道路管网提升从优化断面、清晰路权入手，建设全新的交通市容街貌。一是加快道路改造，建设环濠河新交通网络。先后实施 18 条道路的交通提升工程，在保障好慢行车道和人行道宽度的前提下，通过设置人非共板、取消部分中央分隔带、滨水侧新建人行道等方式拓宽机动车道，通过"白改黑"、沥青面层翻新等方式改造病害老旧道路，通过局部拓宽、沥青翻新、更换地下管线井盖等方式升级慢行车道，通过设置标识标线标牌、增加机动车与非机动车道护栏、人行道与非机动车道护栏等方式清晰路权，提升通行效率。二是整合管线布局，提升排水供气设施。实现强弱电架空杆线入地，合理布局电力通信排管，提高地下空间利用率；优化排水设施，更新供气管材，保证供气供水品质。三是更新城市家具，优化交通配套设施。对交通护栏、公交候车亭、果壳箱等设施统一风格色系；交通标识牌杆、监控杆、路灯杆等多杆合一，通信、监控等多箱合一，增设智能发光斑马线，更新后杆件减少约30%，进一步提升了通行品质和安全感。四是改善景区周边通道，弥补居住区活动空间不足。通过过街通道、慢行微循环的建设，让周边市民更便捷地到达濠河景区，一定程度上填补了周边老旧小区中公共空间、活动场地的不足。

城市家具统一风格色系

道路环境整体提升

多杆合一改造前后对比

### 4. 建筑外立面整治提升，濠河街景亮化焕然一新

环濠河周边建筑大部分是 20 世纪 80、90 年代建成，建筑造型简单且斑驳陈旧，与景区整体风格不相协调；夜景亮化设施破损，光影表现形式单调，能耗相对较高。为此，按照"拆违、整理、出新、亮化"的原则，营造精致的城市空间。一是整治提升兼顾，切实改善建筑风貌。邀请国内知名院校、设计单位对濠河周边具有历史文化价值的建筑分类分析，吸收特色建筑元素，从拆违拆破、附件整理、立面出新、风貌整饰等方面进行总体构思，提出改造设计方案，指导濠河周边建筑群改造。二是创新表现手法，打造濠河璀璨夜景。邀请国内高水平设计团队参与，以"时空光廊、共享濠河"为设计主题，围绕濠河十里碧水，将濠河水面分为七大区域，通过长桥、北濠桥、和平桥、友谊桥、文化宫桥、人民公园桥的穿越，分片区、分主题、分光色展现濠河周边特色建筑、历史遗存，突出濠河的静谧、雅致、生态的历史变迁。

建筑外立面改造前后对比

金鳌坊片区亮化提升

"六桥"周边亮化提升

## ◎ 实践成效

### 1. 人居环境改善

街区改造从绿化景观、市政道路、水环境、街景亮化等方面入手，极大地提升老城区人居环境。增设 3 座人行桥，新建游步道 2600m，维修游步道 15000m，新建亲水木栈道 1098m，翻新 150m，濠河景区实现内外线游步道贯通。提升绿化面积 168728m²，改造 5 处绿地广场，新建亭廊 9 处，改造 15 处公共厕所，新建健身运动设施 4 处，新建景墙 2 处、墙体雕塑 2 处、栏杆装饰画 30 组。新建绿道出入口牌 26 套，新建 227 套景区指示牌，翻新 707 套景区指示牌，翻新 211 个警示牌及花草牌，打造景区特色标识导览体系。优化安防设施，新建监控中心 1 处、机房存储中心 1 处、汇聚点 8 处、高清数字摄像机 200 套、人脸识别摄像机 20 套、广播设备 191 套等配套设施。改造 18 条市政道路，更新公交候车亭 34 个，新建自行车停放架 36 个、出租车即上即下牌 37 个、座椅 21 个、花箱 36 个、果皮箱 293 个、绿化护栏 1193m、各类综合杆约 1000 套、人非护栏 5800m、机非护栏 4000m、各类标志牌共计 790 块。完成濠河核心区 336 个排口溯源，永久性封堵 132 个废弃排口，整治 86 个问题排口，完成 5 座一体化泵站建设，开展"六小行业"排污整治，完成 3300 余处问题排污点整改，综合整治 56 条河道，实施 10 条河道周边小区雨污分流。完成濠河周边主次干道 171km 雨水管网、115km 污水主管网检测、清淤，使濠河水质等级从Ⅳ类提升至Ⅲ类。改造 64 栋老旧建筑外立面，提升环濠河周边约 10km 水际线、63 处建筑楼宇、11 座跨河桥体亮化，街景风貌及亮化品质明显提升。

街区房价自 2018 年以来增幅约 30%，高于街区周边区域的平均房价增幅。

### 2. 人群结构变化

街区提升改造后，受到各年龄层次人群的青睐。改造后的白沙滩、丁古角步行街等娱乐场所吸引更多儿童青年游玩，提升后的绿地广场成为各年龄层次人群休闲的最佳去处，人们在其中散步、掼蛋、跳舞、唱歌，进行丰富的休闲活动。

### 3. 投资就业带动

街区改造提升总投入约 7.5 亿元。改造后得到社会各界普遍认可，吸引了更多游客来访，2020 年 8—10 月，濠河游客人数相比去年同期增长 22.97%，拉动周边餐饮、住宿、交通等企业投资及消费提升。同时，周边市民健康休闲活动更为便捷，使得市民游客有更多的获得感、幸福感，极大提升了景区美誉度，取得

较明显的生态、社会及经济效益。改造老厂房、老校区、八仙城步行街，给企业创造更多商业发展机遇；实施完成 BU 青年科创中心、星派天地园区项目，引进社会投资约 6000 万元。

### 4. 城市活力激发

街区新建的"卧霞亭""翼然亭""怡航轩"等景观建筑成为濠滨新亮点，濠东绿苑白沙滩（濠东嬉水）成为"网红打卡地"，怡园、桂花岛、东公园、原和平桥派出所地块景观提升项目吸引市民游客驻足停留，多处增设的健身器材和休息座椅等配套设施，让市民群众有了更多休闲娱乐的去处。道路交通提升改造后不仅缓解了老城区的交通压力，也改善了周边通行环境。街景亮化的改造进一步提升了濠河老城活力和夜游氛围。

### 5. 获奖、媒体报道等

街区夜景照明提升工程项目在第十五届中照照明评选中获得照明工程设计奖一等奖。对街区提升成效，先后获得了南通电视台、南通日报社等媒体报道 30 余次。

**大家声音**

市民王女士："提升改造后的濠河景区很精致漂亮，直观感受就是花卉绿植变得丰富多样，视觉上更加通透美观。夜晚散步放松休闲的同时还能让孩子多识草木之名，另一侧开阔之处还有齐备的健身器材，放松娱乐的同时可以用来锻炼，一举多得。"

热爱夜跑的市民汤先生："濠河景区增添了古色古香的园林气质，散步的时候提供了更好的休憩游览环境，现在锻炼不用在小区里绕圈跑了，环绕濠河跑一周既悦目又健身。"

市民孙先生："原来的机非护栏是蓝白相间，现在统一改成了深灰色，并且装有醒目的透光灯，夜晚点亮时时尚漂亮，可以更加看清道路，美和安全兼具。"

翡翠花园业主顾先生："现在的红绿灯杆看着美观清爽，路牌、指示牌等一目了然，原先濠北路路口的边上杆件林立，影响城市形象，如今一根杆上就实现了红绿灯、路灯、指示牌等功能。"

外地游客张先生说："这是我第二次来濠河游玩，景区环境面貌大为改观，能够观赏到更多品种的绿植、公共休闲娱乐的场所更多了，到了晚上，在夜景亮化的渲染下，濠河畔更加美丽动人了。"

来自湖北的一家人游览濠河风光后说："坐在游船上邂逅了平时极少看到的漂亮水鸟，水鸟直到船靠近了才飞出了一个漂亮的弧度。"

供稿：**汤葱葱** | 南通市市政和园林局，局长　　**杨万平** | 南通市崇川区人民政府，区长
**邹亚萍** | 南通市濠河景区管理办公室，主任

# 后 记

　　党的十九届五中全会和二十大明确提出"实施城市更新行动"，这对于推动城市高质量发展、不断满足人民群众日益增长的美好生活需要、促进经济社会可持续发展具有重要而深远的意义。本书将江苏从住区到街区的连续实践纳入城市更新行动框架中，力图向上提炼形成城市更新理论化成果，同时促进向下探索根植于宜居实践的城市更新路径。

　　本书历时两年，是伴随着研究团队多次的现场调研、不断的思想撞击和实践探索而成。全书由周岚拟定结构框架，丁志刚、鲁驰组稿统筹。全书共4章，第1章由姚梓阳统稿，第2、3章由陈如统稿，第4章由朱宁统稿。范信芳、刘向东、李强、李震、汪先良等多次参与书稿讨论并提出宝贵意见，苏新军、朱长澍、陈玉光、蒋怡等参与了调研组织和研究编写工作。

　　本书"主题文章"系统梳理了江苏宜居实践的总体特征、跃迁历程、行动特色和未来趋势。"全景变迁"以时间线为轴，呈现改革开放以来全国、江苏层面围绕"住"的建设改造的发展历程，也反映江苏实践与国家导向的一致性和敢为人先的创新性。各章"行动概览"共同串联构成江苏从住区到街区的工作逻辑、时间逻辑和内容逻辑，介绍专项工作在江苏城市更新脉络中的角色。"样本观察"综合考虑区域和类型特征，通过征集素材加工、调研访谈、约稿等方式，从今昔对比、同类对比等角度分析了24个更新实例，其中供稿、撰稿来源包括：主管部门10篇、街道或社区8篇、设计团队3篇、高校教授1篇、实施企业1篇、业主代表1篇。限于时间和能力，材料的选择和观点的提炼可能有失偏颇，敬请读者批评指正。

　　感谢东南大学杨俊宴教授、江苏省规划设计集团梅耀林总经理、南京市规划资源局秦淮分局李建波局长、江苏省规划设计集团更新院刘志超总规划师等为本书赐稿，感谢所有为本书案例提供线索和资料的相关人士，感谢各相关省市住房和城乡建设系统同志们的大力支持与帮助，感谢中国建筑工业出版社毋婷娴老师所做的辛勤编辑和出版工作。

图书在版编目（CIP）数据

城市更新行动的江苏宜居实践 = TOWARD A LIVABLE
JIANGSU:Practices and Explorations of Urban
Renewal Action / 丁志刚等著；江苏省住房和城乡建设
厅，江苏省城镇化和城乡规划研究中心主编. -- 北京：
中国建筑工业出版社，2023.6
　　ISBN 978-7-112-28530-3

　　Ⅰ．①城… Ⅱ．①丁… ②江… ③江… Ⅲ．①旧城改
造—研究—江苏 Ⅳ．① TU984.253

中国国家版本馆 CIP 数据核字（2023）第 060275 号

责任编辑：毋婷娴 焦阳
责任校对：王　烨

**城市更新行动的江苏宜居实践**
TOWARD A LIVABLE JIANGSU：Practices and Explorations of Urban Renewal Action
江苏省住房和城乡建设厅 江苏省城镇化和城乡规划研究中心 主编
丁志刚 鲁驰 等著

\*
中国建筑工业出版社 出版、发行（北京海淀三里河路 9 号）
各地新华书店、建筑书店经销
天津图文方嘉印刷有限公司印刷
\*
开本：889 毫米 ×1194 毫米 1/16 印张：16 $\frac{1}{2}$ 字数：292 千字
2023 年 6 月第一版　　2023 年 6 月第一次印刷
定价：　139.00 元
ISBN 978-7-112-28530-3
（ 40787 ）